プレス加工の
トラブル対策

吉田弘美 ——— 著
山口文雄

第4版

日刊工業新聞社

序　文

　トラブル対策は技術の中でも非常に重要であり、難しいものの1つですが、自動化や高速化といった技術に比べて地味で、本来あってはならない後ろ向きの技術のように考えがちです。

　しかし、トラブルは現状を打破し、新しい可能性にチャレンジするときに生じる必然的なものだとも言え、トラブルを必要以上に恐れたり、避けたりしていたのでは進歩も発展も期待できません。とは言え、トラブルは起こさないで済めばそれに越したことはなく、そのための技術と努力はこれまた欠かせず、事前の心がけが大切です。

　トラブル対策の難しさは机上の空論や設備投資では解決できず、専門的な知識と合わせて実務上の知識や経験、ときには勘やひらめきのようなものが必要です。しかし、多様なトラブルの解決に、すべて経験で対処するのは不可能であり、その必要もありません。

　トラブル対策をはじめ世の中の大部分の技術は、大勢の人の経験や工夫が積み重ねられた土台の上に成り立っており、次の世代はこれを踏み台としてさらに新しい経験や工夫を重ねて進歩し、今日に至っているのです。

　本書は多くのトラブル対策の一部を紹介したに過ぎませんが、これを踏み台としてさらに新しい技術を積み重ね、それぞれの企業の固有技術としてほしいと思います。

　トラブル対策の内容とその対応は、それぞれの企業での製品の種類と品質、金型、プレス加工システム、技術および管理レベルなどによってさまざまであり、企業固有の問題も多数存在します。しかし、多くの企業のさまざまな事例に接してみると、共通事項が多く、同じようなトラブルで悩んでいる例が多いということを実感しています。

　はじめは個々に対応していたトラブルも、数多く接していると共通事項が見えてきて、偶然と思えたことにも必然性があり、理論的に体系づけられることも多くあることに気づきました。そこで、できるだけ実際の対応だけでなく、理論的

な裏付けを心がけてまとめました。

　今後ますます要求は厳しくなり、新しいトラブルも発生すると思いますが、基礎を身につけ感性を磨くことで、道は必ず開けるものと確信しています。

　終わりに本書の刊行に当たり、企画の段階から懇切なるアドバイスと協力をいただいた、日刊工業新聞社技術雑誌「プレス技術」編集部ならびに同社の書籍編集部の方々に深く感謝し、厚くお礼申し上げます。

昭和62年8月

吉田 弘美

第4版の刊行に当たって

　本書は初版を出版以来、30年余りが過ぎ、第3版の発行からも10年以上経ちますが、この間のプレス加工は需要先産業、作る製品とその要求内容、設備その他の作り方などが大きく変わりました。

　製品も、それまで世の中になかった新製品が生まれる一方で、消えてなくなったものが少なくありません。これらに対応する作り方も、自動化をはじめとする機械設備、コンピュータをはじめとする情報処理の方法など大きく変化しています。

　一方、当時も、今後も変わらないものがあります。それは、調査に基づく原因の追求および分析による事実の確認、原理・原則などの理論との整合性と再現性などです。

　トラブル対策では、変わらなければいけない部分は大胆に変え、変えてはいけない部分は大事に守って行く必要があります。今回の改訂では、現実に発生しているトラブルへの対応はもとより、今後の新しい課題に挑戦するときに発生すると思われる、将来のトラブルに対応できる対策にも力を入れました。

　トラブル対策の本質は現在発生しているトラブルが減少し、ほぼなくなったときが理想ではなく、ゴールでもありません。そのときは、新しくより高度な目標に向かって挑戦するスタート点であり、それまでに行ってきた対策は、次の目標にチャレンジするための準備だとも言えます。この意味で、プレス加工のトラブル対策は今後も永遠に続きますが、それらの新しい課題への対応に本書が参考になれば幸いです。

　どこの企業も「挑戦したい」という目標に対して、「心配でできない」という悩みと恐れを持っていますが、その多くはそのときに発生すると思われるトラブルです。昔から「段取り八分、仕事二分」と言われているように、仕事をする場合に成果の80％は段取り（前準備）で決まり、実作業などでの成果は20％という意味です。これは、作業開始前の段取りに80％の時間をかければ、実際の作業時間は20％程度で済むということでもあります。

変化がますます激しくなる中で、トラブル対策も「生産を始めた後に改善を積み重ねて徐々に良くする」という方法から、「生産開始前の準備をしっかり行い、その後は改善を必要としない」という方法に変えることで、成果は大きく変わります。今後もプレス加工のトラブルとその対策は続くと思いますが、その意味で本書から直接回答が得られない場合にも、新しい課題を解く場合の参考（ヒント）にしていただければ幸いです。

　最後に今回の改訂に当たり、企画段階から完了までご尽力とアドバイスをいただいた日刊工業新聞社出版局の矢島俊克氏に深く感謝し、厚くお礼を申し上げます。

2020年12月

吉田 弘美

プレス加工のトラブル対策 第4版
目　次

第❶章　トラブル対策の基本的な考え方と進め方

第❷章　プレス加工固有の特徴とその対応

第**5**章　曲げ加工のトラブル対策

第 6 章　成形加工のトラブル対策

第 7 章　絞り加工のトラブル対策

第8章　圧縮加工のトラブル対策

第1章
トラブル対策の基本的な考え方と進め方

1.1 トラブルをどう考えるか

1.1.1 トラブルの把握

トラブル対策には、その前提条件として発生した現象をトラブルと考えるか、単に気がつかない、あるいは気づいてもそれほどではないとしてそのまま見過ごすかの判断がある。異常またはトラブルと認定するには、正常な状態とその範囲が明確になっていることが必要である。トラブルと確認するには、その正常な状態とのずれを確認できることが必要であり、一般にその差が大きいほど問題が大きいと考えられ、対策の必要性が高い（図1.1）。

正常と異常を比較するには比較する対象の項目（特性）、測定方法および測定値を同一の次元（尺度）で明確に表す必要がある。次元の異なる事項はそのままでは比較することができない。たとえば製品の品質の場合、製品の善し悪しを判断するためにさまざまな品質特性があり、それに必要な測定機器で測定したり、基準と比較したりしてその差を明らかにする。

品質特性で重要なことは、人によって測定した結果の差が小さいことであり、誰が測定してもその差が少ないことが必要である。測定が正確であっても、どの部分をどのように比較するかがはっきりしない場合、その差は明確ではない（図1.2）。また、個人差が大きいままでは正しい判断ができない。たとえば物理的に

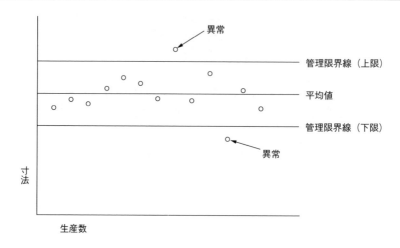

図1.1　寸法の異常を判断する管理図の例

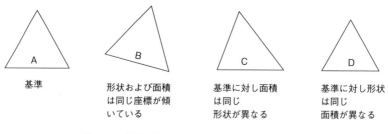

図1.2　何を差とするかで内容が異なる例

は長さと面積（広さ）、長さと質量（重さ）、速度と距離その他があり、実務では納期（時間）と価格（金額）は次元が異なり、比較はできない。

　これまでトラブル対策に挑戦したが、挫折をしたり対策に対する意見が分かれたりしたまま結論が出せない場合、その大きな原因の1つに次元の異なる事項を比較していることがある。特に立場の異なる関係者が集まって行う議論では、個人の好みや価値観といった主観での発言や判断をしてはならない。またトラブルの発見と対策の多くを、ベテランの作業者に依存せざるを得ないのは、客観的な測定が困難かできない場合が多い。

　製品以外でも金型、機械および装置、加工内容など生産中の異常を発見するの

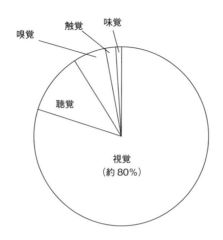

図1.3　5感による生産中の異常の発見

に目（視覚）、耳（聴覚）、手（触覚）などの5感に頼り、判定も経験と勘に頼っていると個人差が大きく、信頼性のあるトラブルの把握と対策の実現は難しい（**図1.3**）。これらも、さまざまなセンサその他の測定機器により正確な測定が可能で、設定した規格との照合、基準に従った対策などで信頼性のある確認、判定および対策が可能になり、効果の予測もできる。

　プレス加工のトラブル対策を難しくしているのは、真の原因とその内容がはっきりしないまま調整および修正などの試行錯誤を繰り返すことである。大部分のトラブルは、真の原因とその状況がはっきりわかれば解決できる。

1.1.2　基本方針

　トラブルの対象が複数ある場合、対策の優先順序の決め方はさまざまであり、また同じトラブルでもその対策にはさまざまな方法がある。これによって、同じトラブルでも結果は大きく変わってくる。どのような対策を選ぶかは、それぞれの人の立場、価値観、個人としての損得などによって異なる場合が多い。

　トラブル対策でまず必要なことは、トラブル対策後の理想の姿を関係者が共通の目標として統一し、全員がこれに向かって進むことである。効果が比較できない作業の安全化、製品の品質、コスト、納期と生産性などの項目の中で何を優先し、目標とする到達点をどこに置くかなどは、単なる目先の効果だけで比較して

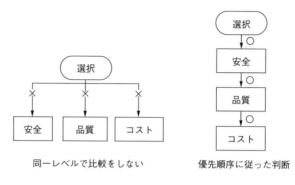

同一レベルで比較をしない　　　　　優先順序に従った判断

図1.4　次元の異なる対象の順序の決め方

決めるべきではない（**図1.4**）。いつもは安全第一、品質第一をと言いながら、実行するときになってコストアップになる、忙しい（時間がない）、難しいなどの反対意見が出るようでは結果に期待できない。

1.2　対策の方法と評価の明確化

1.2.1　部門別の業務評価と費用の負担

　内容が同じ1つのトラブル発生でも対策にはさまざまな方法があり、それによって発生する費用も対策後の効果もまちまちとなる。一般に金型を整備する場合、トラブル対策の費用（整備に要する費用）対効果で評価をするが、ここに大きな問題がある場合が多い。特にプレス加工で困難なのは、製品の品質および生産性などの機能の80％程度を左右すると思われる金型での対策がある。その原因と対策には次の事項がある。

　①整備費用とその効果の発生部門が異なる

　整備に必要な費用が発生する部門（主として金型製作または保守整備部門）と、効果が上がる部門（主としてプレス加工部門）が分かれており、それぞれの部門の業績評価が難しい（対立しやすい）。

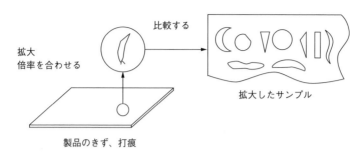

図1.5　きずおよび打痕などの検査方法の例

②費用対効果の予測が困難

　保守整備などによって発生する費用は整備を実施したときの一度であるが、効果はその金型を使い続ける長い期間で評価する必要があり、効果の内容も製品の品質、生産性（段取り、生産性その他）など多岐にわたる。

　③判定結果と決定部門

　プレス加工部門と金型製作部門（または保守整備部門）とで意見が異なるのは当然であり、両者で話し合っても最適な方法を見つけるのは難しい。この対策としては両者から独立し、総合的な考え方と客観的な判断ができる部門で結論を出す必要があり、企業全体の技術を統括する生産技術部門などが望ましい。

　このような生産技術部門がない小規模な企業の場合は、両部門を統括する職制上の責任者が判断をするとよい。瞬間的な費用が多少増えても、長期的な効果が大きい方がよいという方法を、関係者全体が実感できることが必要である。

1.2.2　比較が困難な評価と優先順序

　同じトラブルでもその対策にはさまざまな方法があり、その選択と優先順序が重要であり、その前提条件として比較する対象の尺度を揃えることが必要である。測定機器などで測定し、数値で比較することが困難な場合は次のような方法がある。

　①きず、打痕などはその都度形状、大きさおよび深さ、場所などが異なり、数値での比較は困難なため、限度見本（サンプル）を用意し、目視で確認

　このとき、小さなものは拡大した写真などの見本と、倍率を合わせた拡大鏡などで比較する（**図1.5**）。肉眼で検査をする場合は測定者に内容の説明をし、練習

とテストを行い、個人差を少なくする。多くのサンプルとなる形状情報（パターン）のデータを記憶し、倍率を合わせた測定機のデータ（パターン）を自動的に比較し、合否の判定をするAIを応用した方法もある。

②次元が異なる内容での比較が必要な場合は、数値での比較ではなく、企業として優先順序を明確にして選択

　一例として、品質とコストの関係が挙げられる。品質第一の思想を持つ企業であれば、コストなどの生産性よりも品質を優先する。このとき、目先の単なる金銭的な損得などは考えない。また、「安全第一」であれば他のすべての選択肢よりも安全を優先する。これにより安全性、品質、コスト、納期などで対立し、無駄な議論で時間を空費することもなくなる。

1.3　失敗の教訓とその活かし方

1.3.1　成功例より失敗例の方が得るものが多い

　トラブル対策では、成功事例よりも失敗事例の方が役に立つ場合が多い。昔から成功には偶然もあり、失敗には必然があると言われている。歴史的な大発見や発明の中には、実験用の薬品の配合を間違えたり、処理をミスしたりした結果生まれたという逸話は少なくない。しかし失敗には必ず原因があり、それが成功につながった場合もその必然性を証明できる。

　いくつかの変動要因の最適な組合せを見つけるまでの回数は事前にはわからず、運が良ければ1回で済む場合があり、最後に見つかる場合もある（**図1.6**）。プレス加工の段取りでトライと調整を繰り返すのは、この偶然の組合せを期待している場合が多い。このため、成功した場合は「それで良し」とするのではなく、再現性および信頼性などを十分確認し、不安定要素があればその対策をする必要がある。

　失敗の場合は必ず原因があり、原因と結果の因果関係の証明も容易である。ただし、1つの大きな失敗の裏には多くの隠れた要因があり、実際に発生したのはその中の一部に過ぎない。直接の原因を除去するだけでなく、実際の原因ではな

	A	B	C	D	E
A		①	②	③	④
B	—		⑤	⑥	⑦
C	—	—		⑧	⑨
D	—	—	—		⑩
E	—	—	—	—	

A から E の最適な組合せは 10 種類ある
何回目に当たるかはわからない

図 1.6　変動要因を突き止める確率

対策の対象
29 の軽微な事故
可能性の対象 300

1 件の重大事故と対策の対象

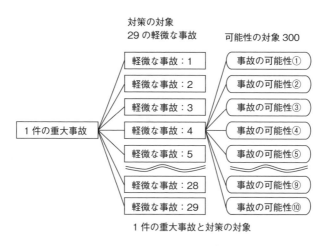

図 1.7　ハインリッヒの法則

くてもその可能性のある要因を検討することで、真の対策ができる。

1.3.2　ハインリッヒの法則とトラブル対策への活用

ハインリッヒの法則は、労働災害および交通事故対策などの面で知られている経験則である（**図 1.7**）。概要は1つの重大な事故の背景には、重大事故に至らな

かった軽度な事故が29隠れており、さらにその裏には300の事故につながる可能性があるというものである。

　車の運転でも大部分の人は、事故にはならなかったが「1つ間違えば事故になった」というヒヤリとした経験をいくつか持っている。重大な事故、トラブルが発生したとき、直接の要因だけでなく、背景にある多くの要因をどうするかが対策の完成度の決め手である。また、この背景にある事故の可能性の対策は他の製品、他の作業にも応用できるため、個別の対応は少なくできる。

1.3.3　真の原因の見つけ方

　トラブル対策は、真の原因が見つかれば（確認できれば）大部分は明確な対策ができ、解決できる。多くの要因（可能性）の中から真の原因を見つける有効な方法として、次の事項がある

　①原因追求の第一歩はまず調査

　重大なトラブルが発生すると緊急に関係者を招集して対策会議を開き、ここで意見を出し合い、議論の末に最も可能性の高いものを選び、これで対策をする企業が多い。

　意見の大部分は、「たぶんこれだと思う」「こういう可能性も高い」「前にこういう例があった」などすべてが個人の想像や推定である。これが当たればよいが、外れると始めからやり直すことになり、時間の無駄と状況の変化などで原因の究明は困難になる。

　原因追及は実状の正確な調査、集計および分析、評価と判断などをそれぞれの専門担当者が責任を持ち、それぞれの役割を果たせばよい。その後の対策会議などは、あくまでこの調査の結果を元に進めればよい

　②可能性の高いものを選ぶよりも可能性の低いものを除く

　原因の究明では、始めに多くの要因の中から可能性の高いものを選ぶのではなく、明確に否定できるものを除き、対象となる要因を絞り込むとよい。その上で可能性の高い要因について、徹底的に調査をするとよい（**図1.8**）。

　この場合、たとえ外れても対象は絞られており、次に見つけられる可能性が非常に高い。始めに最も可能性の高いものを選び、それに時間を取られると、それが外れた場合の時間と費用の損失は非常に大きく、真の原因が見つけるのが困難になる（警察の場合、推定に基づく初動捜査の失敗はその後の捜査の致命傷にな

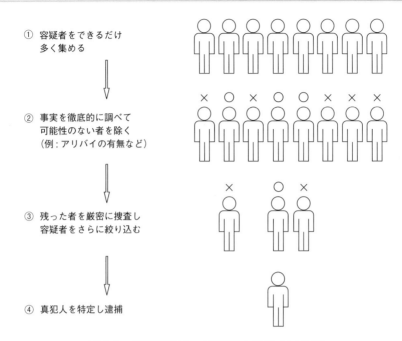

① 容疑者をできるだけ
　多く集める

② 事実を徹底的に調べて
　可能性のない者を除く
　（例：アリバイの有無など）

③ 残った者を厳密に捜査し
　容疑者をさらに絞り込む

④ 真犯人を特定し逮捕

図1.8　削除法によって真犯人を見つける例

ることが多く、中には迷宮入りするときもある）。

1.3.4　人を責めない

　トラブルの多くは人（担当者）のうっかり忘れる、勘違いする、間違えるなどのミスで発生する。多くの場合、口頭で厳しく注意するか、指導書、チェックリストに追加するなどでこれらを防ごうとする。

　最も無駄で意味のない方法として、上司が叱責し当人が謝るという方法がある。これで上司は監督責任を果たしたと思い、本人は謝ったことで許されたと勘違いをして一件落着となる。人間は忘れたり、勘違いをしたりする動物であり、その人の能力に関係なく、誰も同じである。

　人は内心では非を認めていても、それを他人から叱責されるのは不愉快であり、避けようとする。このため責められると担当者は責任を逃れようとし、あれこれ言い訳を考える、隠す、嘘を言う、責任を他に転嫁するなどで対処する（**図1.9**）。最悪なのは破損した金型部品、変形した製品またはスクラップなど、原因

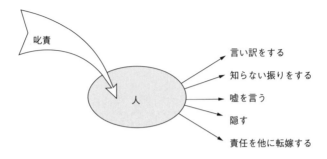

図1.9　叱責しても真実はわからない

究明の決め手となるような証拠を隠すことで、これにより真の原因の究明は非常に困難になり、遂に究明できずに終わる場合もある。

　この対策で最も効果的で確実な方法は、「担当者のミスや失敗を責めない」ことであり、逆に誉めるようにしたい。人は誰も怒られるより誉められた方が嬉しく、積極的になれる。担当者を責めずに積極的に事実のみの報告をするようにし、対等の立場で一緒に原因と対策を考えることができれば最高である。

1.3.5　理論と実際の整合性

　トラブルの原因を調べていると、実際の調査結果が理論と合わない場合が多い。このとき技術者は「理論的にあり得ない」と思い、あくまでも理論が正しく、理論に合わないことが起きている現場が間違っていると考える。一方、現場の担当者は「理屈でモノができるか」「できるなら自分でやってみろ」と突き放し、自分たちで現物を見ながら対処しようとする。

　理論が正しいか、現実が正しいかの判定は常に現実が正しく、理論と合わない場合は理論の裏付けとなる条件設定などが事実と合わなかったに過ぎない（図1.10①）。理論およびさまざまな法則は事実を詳しく観察し、その中から共通事項を見つけ、近似的に再現性を高めているに過ぎない。

　ニュートンが万有引力の法則を発見する前も後もリンゴは勝手に落ちており、この法則に合わせようとしながら落ちるリンゴは1つもない。理論が現実と合わない場合は再度現実を詳細に観察し、前提となる条件設定を見直し、その上で新しい理論を作り上げ、従来の理論を変えればよい（図1.10②）

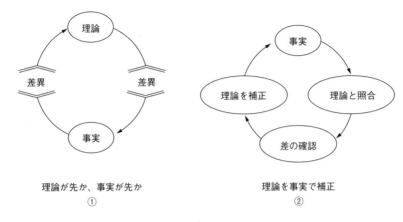

理論が先か、事実が先か
①

理論を事実で補正
②

図1.10　理論と事実の整合性

　計算上は折れないはずのパンチが折れたなどの場合、折れたパンチが理論を無視したのではなく、想定外の別な理由で理論通りに折れたのであり、理論と違っていたのは想定の範囲が偏っていたり、想定できなかったからである。理論と現実が合わないときは技術の進歩にとって最高のチャンスであり、さまざまな新しい情報を提供してくれる。これが企業にとってかけがえのない固有情報であり、企業の財産である。

　その上でデータを集めて固有の理論式を作れば、応用範囲が広く、他社では絶対に真似のできないものができる。プレス加工は、塑性加工および冶金に対する技術情報がそれぞれの業界、企業群（親会社と協力会社）、各企業などの範囲内に蓄積されており、業界全体に公開されている共有情報は少ない。

　これまで新しい技術上の発見、新加工法への工法転換、加工限界の打破および新製品の開発などの多くは他の分野からの新規参入者（企業）によって行われてきた。その多くが従来の業界、専門家の固定観念とはかけ離れた常識外れな別の理論を応用した例が多い。

　昔の名人・上手と呼ばれた職人の中には理論や常識にこだわらず、思いついたら失敗を恐れずすぐに実行し、それまでの業界の常識をはるかに超えた新しい製品および加工法を実現している。これを後から理論的に証明すると、新しい理論ができ、誰もが実現できるようになる。

　変化が激しい中で変化に対応するには、想定範囲内には強いが、想定外への対

応が苦手な専門家より、部外者（素人）の方が柔軟に対応しやすいこともある。逆に部外者（素人）は根拠のない発想で、明らかに失敗することとの区別がつかない。この意味で新しい課題への挑戦は、発想の豊かさと理論的な確実性のバランスが重要である。

1.4　トラブル対策の手順と進め方

1.4.1　トラブル対策は理屈より余裕

　どこの企業、現場もトラブルが発生するたびに、何らかの応急処置をして再生産を可能にする。しかし多くの場合、似たようなトラブルを起こし、「あのとき、もっとこうしておけばよかった」と反省しつつ、これを繰り返している。対策会議などで「こうすべきだ」と強く正論を言われると、担当者は反論できず黙るだけで実行できず、その後も現実は変わらない。

　大部分の企業は「こうすべきだ」という解決策を持っており、それが実現できれば解決できている。問題は解決策が正しいかどうかではなく、実行できるかどうかであり、問題を抱えている場合の多くが「（理屈では）わかっているけど（現実は）変えられない」という結末になる。

　現状を無視して正論を通そうとすると、反論はしないが心の中では（できもしないくせに）と反発し、単なる理想論だとして無視される。トラブル対策の第一歩は正論を考え、それを説得することよりも、それができる環境を作ることである。

　できない（実行できない）最大の理由は「担当者に時間的な余裕がないことであり、いつも仕事（時間）に追われていること」である。現在（修理）でも忙しく、時間の余裕がないのにその上、別な仕事（保守整備）を押しつけられてもできないと思うのが当然であり、実行はされない。

　「こうあるべき」を理想論ではなく、実行して成果に結びつけるには、担当者の心と時間の余裕を作ることが必要である。最も有効な方法は現在、担当者が最も多くの時間を取られて困っている項目を2～3選び、徹底的にその対策を担当

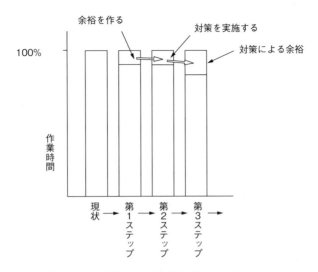

図1.11　余裕による対策が次の余裕を作る

者の負担を増やさずに解決をすることである。対策として、担当者以外の人の支援により実施する方法が有効であり、スタート時のわずかな時間の応援だけでよく、これで余裕のできた担当者はその余裕時間を使って次の対策を実行し、さらに余裕ができる。

　時間の余裕ができると、理想論に過ぎないと思っていた対策の効果を肌で実感し、それらを自ら実行しようという気持ちになり、実際に実行できる。この結果、それ以前より負担が減る上に結果としての実績も上がり、本人の評価も上がるという良循環になる（図1.11）。

1.4.2　処置と対策の明確な区分

　トラブルが発生したとき、対処の方法には処置と対策があり、その方法の選択とそれらを決められた順序で進める必要がある。処置は主として応急的な方法であり、対策は計画的な方法である。

　その場で処置が必要な緊急を要する場合、まず処置をしてから、または処置と並行して対策を行う必要がある。たとえば金型の不具合で、今日中に納品が必要な製品が生産できなくなった場合、とりあえずそれを間に合わせるために修正などの処置をし、その後で（または並行して）次の生産のための対策をする。処置

は緊急の場合の応急対策として必要であるが、これと並行して対策を行うことが重要である。

　対策がうまく進まない企業の場合、処置をして生産が再開できるようになるとこれで一件落着として済ませ、そのまま生産を継続している場合が多い。処置は何回繰り返しても進歩がなく、同じことを繰り返すだけでなく、むしろ機能が徐々に低下し状況は悪化する。処置と対策の特徴を**表1.1**に示す。

1.4.3　企業および職場内のソフトウェアの整理・整頓

　どこの企業、職場、個人にも歴史があり、永年引き継がれてきた多くの伝統と習慣があり、経験、専門知識、ノウハウおよび作業方法などを含む情報（ソフトウェア）がある。これまでの方法を変えて新しい対策を行おうとすると、障害となって実行を妨げるのが、永年築いてきたこれらの伝統と習慣であり、これらに価値と誇りを持ち、それらを自身の存在価値としているからである。このため、企業の歴史および人の経歴が長いほどこれらを変えるのは難しい。本格的なトラブル対策を始める前に、これらを整理・整頓することが成功への鍵になる。

　企業内の伝統、習慣その他には将来も変えずに守るべきものと、変えたり捨てたりするべきものがある。従来の体制のまま、新しい製品、最先端の設備および工具、情報とその処理システム、加工技術などが新しく加わると、全体の量は膨大になり、内容は新旧が入り乱れて複雑になり、トラブルも増える。また、経歴の浅い人は昔のことがわからず、ベテランに頼ることになり、個人差も大きくなる。

　企業が進歩を続けるには、新しいものを取り入れると同時に、古いものを捨てることが重要である。何を残し、何を捨てるかでその企業の技術レベルが決まり、進歩の速度も決まる。この解決方法として、筆者の考えた「尺取り虫の法則」がある。

1.4.4　尺取り虫の法則

　尺取り虫が前進をするときは、**図1.12**のようにまず最後端を前に出す。これにより全体の中央が前進するとともに、頭部（先端部）を前進させるエネルギーが蓄積され、身体全体が容易に前進できる。企業も同様であり、全体を前進させるには先端（頭部）を前進させる前に、企業内に残る最後端の部分を切り捨てな

表1.1　処置（修理）と対策（保守整備）の比較

	処置	対策
目的	発生したトラブルの応急処理	その後のトラブルの再発防止
作業の時期	不定期（トラブルが発生の都度）	定期（基準に基づき、計画的に実施）
作業者の技能	高度な知識と熟練が必要	マニュアルなどで決められた標準作業
計画生産	不可（発生時期と内容は不明）	保守の予定を生産計画に組み込める
費用および時間の予測	不可能（その都度内容が異なる）	保守内容は前もって決まっている
生産中の監視	常にさまざまな内容の監視が必要	基準に従って確認をすればよい
製品の品質の信頼性	困難（現状維持も難しい）	高い（特性別の変化を予測できる）
生産性の向上と進歩	困難（現状維持も難しい）	可能（定期の保守時に改善を加えられる）
未経験の製品への対応	困難（経験を活かしにくい）	可能性大（利用可能な共通の要素が多い）

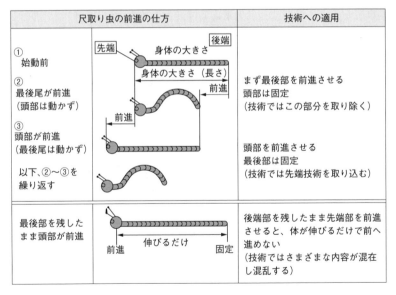

図1.12　尺取り虫に学ぶ技術の進歩

ければならない。次々に新しいものを取り込むだけでは、身体が伸びるだけで収
拾がつかなくなる。

企業は生きており、作る製品や使用する機械設備、加工技術および担当者のスキルなども年々変化する。それと同時に要求されるニーズも、発生するトラブルとその対策も年々変化し、不要になるものも新しく必要となるものもある。トラブル対策で重要なのは変化に対応し、常に最適の状態に保ちながら変化を続けることである。

　企業には「変わるべきもの」と「変わってはいけないもの」があり、これが混在している。必要なのは、変わるべきものと変わってはいけないものの整理・整頓であり、対策は非常に簡単で次の2つがある。

　①最先端のものを導入する前にそのための空きを作る

　容量が100の中に20の新しいものを入れるには、最後端のものを20捨てて空きを作る。これがないと、100の容量に対して120押し込むことになり、これを繰り返すと100の容量の中に140、160またはそれ以上押し込むことになり、混乱がひどくなる。

　企業規模が一定の場合は、最先端と最後端との差を一定量に保つ。このためには、最先端のものを導入する場合は同量の最後端のものを処分する（捨てる）。

　②例外を認めない

　製品または人による例外を認めたり、特例として残すとそこからすべてが崩れ、混乱状態に戻る。トラブル対策での事例で捨てるべき最後端の例として、プレス加工職場から次のものを追放し成功した実績がある（**図1.13**）。

　○長穴でのボルト締め、ボルト1本のみでの固定、マグネットスタンドでの固定など段取り作業などで調整できる方法での取り付け禁止

　○正規のスペーサー以外の被加工材などでの高さ調整を禁止

　○ワイヤ、ビニールひも、ガムテープ、指定以外の容器、指定以外の工具の使用などによる信頼性が低く不確実性の高いものの使用禁止

　○指定外の潤滑油および工作油

　やむを得ず緊急的に使う場合は許可制にし、期限を限って認める。長期的に見て良いと思われるものは、手続きを経て正規に採用する。

1.4.5　調査および分析の能力の向上

　調査および分析の精度を向上するのは、差を見つける能力を向上することが必要で、次のような方法がある。

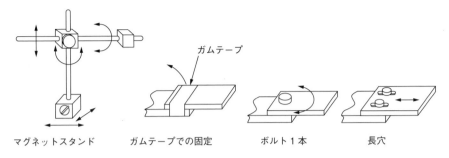

マグネットスタンド　　　ガムテープでの固定　　　ボルト１本　　　　長穴

図1.13　調整は可能だが不安定な固定方法の例

①測定機器を変える

　より確実に差を見つけるには、差を見つける能力の向上が欠かせない。長さの差を見つける測定機器の場合、判別可能な最小寸法（目盛り）とその信頼性の高い機器を使用することが求められる。スケール→ノギス→マイクロメータ→ダイヤルゲージ→測定用精密測定機などであり、測定機器を変えることで誰もが簡単に小さな差を見つけることができる（**図1.14**）。

　また、きずや打痕などの外観も目視→ルーペ→顕微鏡と測定機器を変えることで、誰もがより高精度に判別できる。製品および金型の表面粗さ、機械および金型への荷重の大きさ、温度、音および振動などの変化の場合も同様である。さらに、肉眼では確認が不可能な高速加工中の金型、および製品の変化なども超高速カメラで撮影して確認できる。発展途上国の指導で、日本の本社より高精度な測定機器で測定をした結果、本社より加工精度が向上して品質が高くなった例もある。

②現場、現実、現物からの検証

　トラブル対策で重要なことは一切の先入観を持たず、事実を正確に把握しそれを元に対策をすることである。始めから「たぶん、あれが原因だ（と思う）」と見当をつけたり、過去の経験や事例の先入観から推測してはならない。また大勢が集まり、長時間議論をしても証拠と客観性がない限り無駄であり、真の原因にはたどりつけない。

③原因の分析と再現性

　原因の解析も主観的な推測を排除し、客観的な事実の積み重ねと理論的な裏付

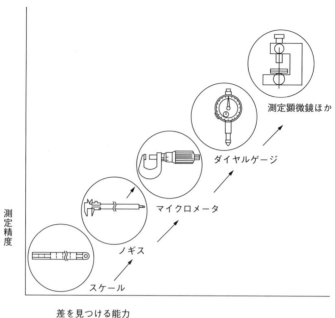

測定精度

差を見つける能力

測定顕微鏡ほか

ダイヤルゲージ

マイクロメータ

ノギス

スケール

図1.14　測定機器の差による差を見つける能力の変化

けのある解析が必要である。この結果、再現性が高まれば他の製品（金型）、加工への展開も可能である。解析の技術には計算式、表、グラフなどでの再現性と見える化、有限要素法、材料力学およびそれらを利用した各種解析システムがある。

1.4.6　プロセスの品質を第一とする考え方とその推進

　トラブルの中では、不良品の発生のほか、製品品質に関する内容が多く、品質向上の必要性はどこの企業の誰もが望んでいる。しかしこのとき、品質向上の障害になるのは、時間（納期および対策のための時間）とコスト（対策にかかる費用）である。プロセスを変えずに製品品質の目標を上げると、生産上の負担が増え、生産性と業績は低下する（図1.15①）。これがある限り、トラブル対策案を提案しても否定されるなど、理屈でわかっていても実行されない。
　この対策としては、品質を製品の品質（結果の品質）とプロセスの品質（生産

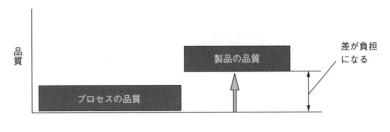

製品の品質のみを上げる

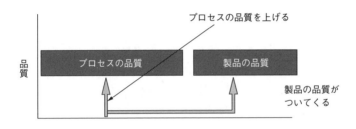

はじめにプロセスの品質のみを上げる

図1.15　製品の品質とプロセスの品質

過程の品質）の2つに分け、製品の品質はプロセスの品質の一部またはプロセスの品質の結果だと考えることである（図1.15②）。その上で、対象をプロセスの品質とその向上を優先的に進めると、結果として製品の品質が向上する。

　プロセスの品質には生産性、作業の安定性などが含まれており、この品質を上げれば生産性など自然に向上する。特にプレス加工はプロセスの中で人の影響を受けにくく、自動化されている場合は人が居なくても生産できるほどであり、プロセスでの保証が容易である。これを進めることで、個々の製品およびトラブル内容に関係なく、職場、企業全体の品質（体質）が向上する。これは、尺取り虫の法則およびハインリッヒの法則にも合う。

1.5　トラブルを未然に防ぐ対策へ

1.5.1　事前の予防策としてのトラブル対策

　現在、目の前で発生しているトラブル対策は、その内容にかかわらず比較的容易であり、技術レベルに関係なくほぼすべての企業で行われている。しかしこれはモグラ叩きであり、トラブルの発生を待っていて発生の都度対処しており、繰り返すだけで進歩がない。

　再発防止の重要性が指摘されているが、ある製品の再発対策を行っても、他の部分で同じようなトラブルが発生している場合がある。たとえばある製品の中で、同じ条件で加工している5つの穴のうち1カ所でかすが浮き、その対策をとった場合、同じ条件の他の4つの穴は次にいつかす浮きを起こすかわからない。この場合、かすが浮いた箇所ごとにその都度対策をすると、同じ製品（同じ金型）で5回対策を繰り返すことになる（図1.16）。

　はじめの1カ所の対策は対策と言えるのか、単なる処置と考えるのかが非常に重要な価値判断であり、その企業のトラブル対策のレベルを表す。さらに同じ条件の他の製品（金型）でも、同じトラブルを起こす可能性が高く、トラブル発生の予備軍である。最も効果が大きく、重要な再発防止は現在起きていないが、今後起きる可能性のあるものに対して行う対策である。さらに、その後に新しく受注した製品でも、同じようなトラブルが起きる可能性が高い。

　一度発生した類似のトラブルは、企業全体で二度と発生させないことが真の再発防止策と考える。多くの企業が製品または金型ごとに、再発防止を行っているにもかかわらずトラブルが絶えないのは、発生するたびに再発防止を行っているからである。このような再発防止対策は、考え方としては対策より処置に近い（図1.17）。

1.5.2　標準化と全社への普及

　標準化は、規格その他の標準類を作ることではない。図面、規格、作業標準、チェックリストなど各種標準類を作っても、それは単なる書類かデータに過ぎな

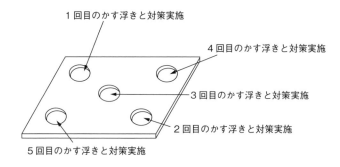

図1.16　1つの製品で同じ対策を繰り返す例（処置か対策か）

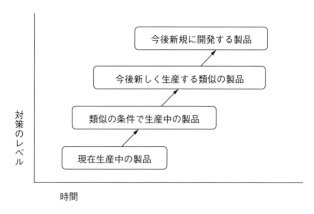

図1.17　対策の実施とそのレベルアップ

い。

　多くの企業で標準化の必要性を感じ、実際に標準類を多く作っているが、実際に標準化の効果を上げている例は少ない。標準化で重要なのは標準の後についている「化」であり、これが単なる標準類と異なる点である。標準化とは、「<u>標準を設定し、これを活用する組織的行為</u>」であり、標準類の作成は標準化のための前提条件に過ぎず、ポイントは<u>活用する組織的行為</u>である。このため、日本の多くの企業はさまざまな標準類を持っているが、標準化ができておらず、効果も少ない（**図1.18**）。

　事務関係では標準類の原案作成、受付、審査と採用、登録、広報と普及、定期

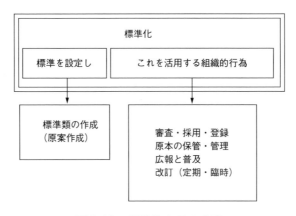

図1.18　標準化とその内容

または申請に基づく改訂と再登録などがある。特に重要で難しいのが審査と採用であり、企業内で最も専門的で高度な判断を求められ、必要な場合は実験などでの確認も必要になる。

　また、標準類を配布した場合は配布先を記録し、改訂した場合は旧版を回収し、その記録を残す必要がある。多くの企業の現場に旧版のものが残っていたり、現場で勝手に追記したり訂正したりしたものが残っていて使われている場合もある（**図1.19**）。特に社外へ配布する場合は、厳重な管理が必要である。常に情報は一元化し、これを逸脱しない仕組みと管理が求められる。

　トラブル対策で担当者が金型部品の一部を変更して手配し、交換をしている例もあるが、本図が訂正されておらず正規の図面と実際が異なることになり、以後はこの経緯を知る本人以外は対応できなくなる。逆にこの経緯を知って対応できる人が、現場の名人・上手として特別な存在になっている例もある。これが続くと現場および個人固有の対応方法が増え、企業は無法状態になり、混乱状態が続く。

1.5.3　経歴より経験

　プレス加工に限らずモノ作りの技術は経験工学に属し、トラブル対策も経験から原因および対策案を考察する場合が多い。しかし、ここで重要なのは経験と経歴の違いであり、日本では多くの場合、経歴と経験を混同し、逆に経歴を経験と

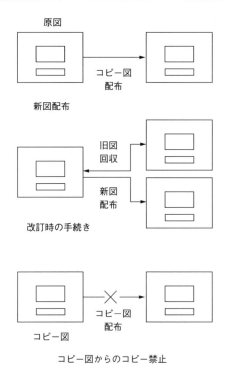

図1.19　図面の配布と管理

呼んでいる例が多い。

　たとえば、同じ企業の同じ職場に10年勤続した場合、経験10年と称し、履歴書などにも記載する。逆に異なる企業または職種に、短期間務めて合計が10年勤務した場合は、それぞれの経験は短いとされる。しかしこれでは、同じ職種で何年働いたかの経歴はわかるが、この間に経験したことはまったくわからない。

　経験は、それまで体験せず知らなかったことを新しく身につけることであり、時間では計ることができず、比べることもできない（**図1.20**）。このように考えると、同じ勤務期間でも異なる職場、職種、企業などの数が多いほど経験は増える。また一人が経験できる量はほんのわずかで、プレス加工に限っても世界中の同業者が数十万人居たとすれば、その合計の経験は数十万倍になる。さらに、職種を問わなければ数十億倍に増え、時間を問わなければ過去の人も加わり、その数ははるかに増える（**図1.21**）。

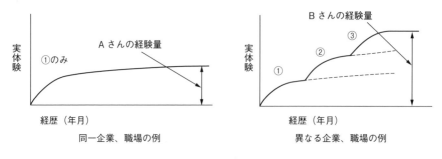

図1.20　経験は年数だけではわからない

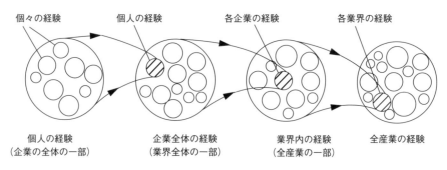

図1.21　経験の限界と可能性

　逆に考えれば一人、一企業で得られる経験はごく限られたわずかなものであることがわかる。それを集大成したものが情報であり、書籍、セミナー、展示会、工場見学その他があり、インターネットその他IT機器による情報収集がある。

　同一企業、同一職場での勤務で経験を増やす方法には、新しい課題に挑戦することと他の分野について学ぶことがある。自分たちのこれまでの限られた経験で解決できない場合、または新しい課題に直面したとき、まったく関係がないと思っていた外部の情報が解決のヒントになる。トラブル対策の技術の基本も調査（リサーチ）であり、孫子の兵法で言う「彼を知り己を知るは百戦危うからず」である。

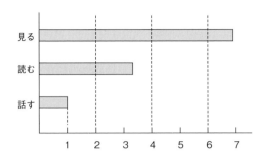

図1.22　「話す」に対する単時間当たりの情報伝達の量

1.5.4　情報の「見える化」と全社への普及

　日本の企業の作業標準、マニュアル、手順書、チェックリストなどを見ていて感じるのは、欧米に比べて文字での説明が多いことである。人の流動化が進み、同一職場での勤続年数の短縮および移動、外国人の増加など、仲間同士の常識が通じにくい。また、海外進出をした企業が現地で苦労するのは、日本語での意志の疎通が困難なことである。

　情報伝達の方法として、文字や言葉は他の方法に比べて情報量が少なく、伝達時間に比べて伝わる情報は限られる。さらに文字や言葉は、発信する人と受け取る人の解釈で正確に伝わりにくい。たとえばリンゴを見たことも食べたこともない人に、文字または言葉で伝えることを考えればわかる（**図1.22**）。

　最も効果的な情報伝達方法として、「読む」から「見る」へ変えることがある。特に日本語は、心理描写などで文学的には優れていても曖昧な表現が多く、正確に伝えるという点では不利である。まさに百聞は一見に如かず、である。

　見ることで情報を伝える機器および技術の進歩は著しく、それらを活用するとよい。手段としては文字→図面→絵→写真→イラスト（3次元のテクニカルイラスト）→動画→VR（仮想現実）などがある。これらにより、実際には見えないものを見たり、疑似体験により実際に経験を積まなくても判断したりする処置ができるようになる。

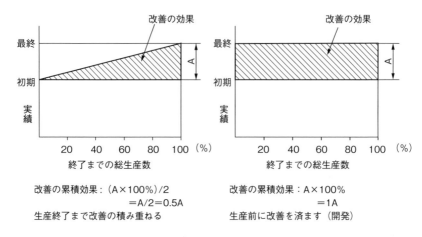

改善の累積効果：（A×100%）/2　　　改善の累積効果：A×100%
　　　　　　　=A/2=0.5A　　　　　　　　　　　　　=1A
生産終了まで改善の積み重ねる　　　生産前に改善を済ます（開発）

図1.23　改善と開発の期間と総合効果

1.5.5　改善から開発へ

　プレス加工に限らず、主として日本の製造業は現場での改善によりその完成度を高め、高品質、短納期および低コストを実現してきたと言われている。これには対象となる製品、生産方法、生産量などが長期間大きく変わらないという前提条件が必要で、事実そのように推移してきた歴史がある。

　特に自動車は車体、エンジン、ステアリング（操作方式）などの基本機能は100年以上ほとんど変わらず、性能が向上し進歩をしたのはそれぞれの機能の向上であり、改善の積み重ねであった。このため自動車関係が最大の顧客であるプレス加工も、それ以上に改善の効果が強調されてきた。しかし、プレス加工を取り巻く環境の変化が激しい時代には合わなくなり、逆に欠点が目立ってきた。その理由は次の通りである。

　①改善は効果が少ない

　生産が完了するまで続ける場合の改善効果は、スタート時に比べて1/2程度で、残りの1/2は機会損失である。改善内容をスタート時に行っていれば、2倍前後の成果が得られる（**図1.23**）。また、一般に改善の1件当たりの効果は少なく、件数は多い。このため変更に必要な手続きなどの業務に多くの時間と費用がかかる。

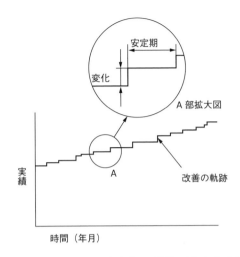

図1.24　改善による変化と安定期の推移（安定生産期が短い）

②安定期間が短い

　改善件数が多いと、次の改善までの間が短いため全社に徹底できず、この間は不安定になる（**図1.24**）。これがトラブル対策で重要な、標準化に基づく安定した生産プロセスにとって大きな問題である。

　③新しいマーケット、新製品への参入が困難で競争力が弱い

　まったく新しい製品、製法などが必要な場合、スタートラインではどの企業も同じであり、スタートダッシュで勝負が決まる。このことから、改善はスタート時の至らなさを補う後処置の一種であり、理想はこれらを初期の開発段階で済ませることである。

　自動車産業を大きく変えた革新的な進歩である電子機器およびその部品によるさまざまな自動化、自動制御、安全対策、電動化（EV）などは、改善の積み重ねからは生まれない。需要先産業の革新的な製品とその部品、ITその他による加工法の変化、国際分業化、企業間の垣根を越えた競争と生産システムの改革などに対応できるトラブル対策が望まれる。

1.5.6　将来への挑戦のためのトラブル対策

　トラブル対策というと、技術の遅れている企業がやむを得ず行うものだと考え

て、少ない方がよいと思いがちである。しかし、技術レベルの高い企業ほどその価値を知っており、トラブル対策に熱心である。

　商品は時代とともに生きており、顧客ニーズの変化への対応、厳しい企業間競争、新しい技術、設備および素材などの開発など、古いものが淘汰されて新しいものが生まれている。企業も生産現場も変化を求められ、今まで経験のない新しい分野の業界、製品、加工法などへの挑戦が必要である。しかしこれを阻害する大きな要因として、失敗特にトラブルを恐れることがあり、挑戦を諦める例も少なくない。また過去の常識を大きく超える高い目標に挑戦するときも同様であり、始めから無理だと諦めたり、挑戦しても最終目標には到達できず、途中で妥協し中途半端な結果で終わる例も多い。

　たとえば、過去に何度か挑戦して失敗をした高い目標に、再度挑戦する場合などがある。これには当然、製品品質や金型部品の寿命と破損、製品の搬送不良、製品およびスクラップの排出などのトラブルが予想される。しかし、これらのトラブルはすべて事前に予想でき、事前の対策も可能である。もちろん、実際にトラブルが発生した後での対策も可能である。

　トラブル対策の効果として未知への挑戦を恐れず、また事前に予想されるトラブルの対策を盛り込むことも可能である。「技術とは将来または結果を予測し、事前に対処する能力」であり、経験のない未知の課題に対応する能力である。これがない企業および人は、現在の製品をいかに上手に作れたとしても、単なる慣れに過ぎず、技術が優れているとは言えない。トラブル対策の到達点は将来の課題に対する対応であり、現在抱えているトラブル対策はその過程に過ぎない。

第 ❷ 章
プレス加工固有の特徴と
その対応

2.1 プレス加工産業と加工の特徴

　プレス加工は金属を成形する加工の一種であるが、他の加工に比べて強い個性
（偏った特徴）があり、他分野の人から見るとブラックボックスのように思える
部分が多い。永年プレス加工関係の業務に携わっている人は、これらの特徴が常
識となって身についており、疑問に感じることもない。これが企業の国際化が進
み、海外の人との交流は増え、国内でも人の流動化が進んで新分野に挑戦するな
ど、変化への対応を求められる中での障害になっている。

　トラブル対策もプレス加工を客観的に見つめ直し、再評価をすることが望まし
い。主な特徴には次のようなものがある。

　①同一製品の生産量が多い

　プレス加工の最大の長所は、形状が複雑で高品質な製品を早く、安く作れるこ
とにある。このため、それぞれの企業または職場は限られた製品（部品）の生産
に特化し、独特の進化をしてきたことにより、生産方法や設備、加工技術なども
個性が強い。逆にこれらの個性を強みに、それぞれの分野での企業の集約化が進
み、専業化が進んでいる（**図2.1**）。

　これが、それぞれの分野での圧倒的な強みになると同時に、変化への対応を難
しくしている。

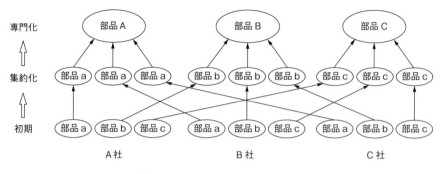

図2.1　プレス加工業の専門化と独自システム化

②独特の企業間取引

　プレス加工製品の大部分は特定企業からの受注生産であり、類似製品を専門に長期間納入している場合が多い。このため、新規受注製品も従来の製品と類似のものが多く、お互いに製品の用途、特徴および機能などが常識として理解し合っている場合が多く、その都度の取引で詳細な情報は省略されている場合が多い。従来からの類似製品の場合はこれでよかったが、別な分野の製品に変わる場合や新しい企業と取引するときは問題が顕在化し、さまざまなトラブルになる。

③専用金型を使用するなど金型の存在価値が高い

　製品品質および生産性などのプレス加工の業績の多くは金型に依存しており、逆に生産に必要な機能の多くを金型に依存している。トラブルの発生とその是正の多くも金型に関係するものが多いが、金型製作部門はプレス加工部門と別な独立した職場（または企業）となっており、さまざまな制約や矛盾がある場合が多い。

④金属の性質を限界まで活用する

　プレス加工では、加工内容によって必要な材料の特性は大きく異なり、同じ加工内容でも個々の製品に要求される機能や形状、寸法などによってその重要性は異なる。このため切削などの他の加工に比べ、金属そのものに対する技術が重要であるが、材料は専門メーカーからの市販品に依存している。大部分のプレス加工関係の企業は金属に対する専門技術が不足しており、これがプレス機械および金型への負担となり、トラブル対策の大きな障害になっている。

2.2　プレス加工ではトラブルの原因究明が困難

2.2.1　実験での検証が困難

　製品に不具合が発生したとき、その原因を究明し、対策内容の確認と最適条件の設定などを行うためには実験が必要である。

　切削加工などでは、刃物の形状や切削条件などを変更して実験を繰り返せばよく、溶接なども同様に条件をいろいろ変えて実験ができる。しかし、大部分のプレス加工では多くの場合、実験することができない。その理由は次の2つである。

　①条件変更には専用金型が必要

　金型が原因と思われる場合、条件を変えて実験をするにはその都度金型を作り直す必要があり、膨大な費用と時間が必要である。たとえば抜き型のクリアランスの影響を調べるには、クリアランスの異なる金型を用意する必要がある（**図 2.2**）。工程変更などはさらに大きな改造が必要であり、改造後の金型を元の状態に戻すのも困難で、不可能な場合も多い。

　②膨大な材料と加工時間が必要

　プレス加工は多量生産に適した加工であり、金型寿命の比較や、ごくまれに発生するトラブルの再現と対策などの確認は欠かせない。しかも、1回ごとに製品

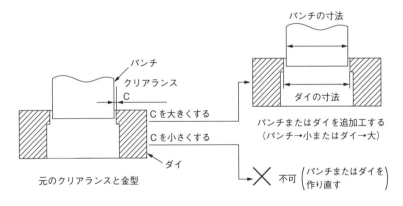

図2.2　クリアランスの変更

旋盤加工用の　　　　　プレス加工のテスト
試験素材　　　　　　　　試験素材

図2.3　長時間の実験に必要な素材の例

1個分の材料が必要である。これは、小さな試験片を長時間削ることができる切削加工などとの大きな違いである（**図2.3**）。

　抜き加工などで、ごくまれに発生する<u>かす浮き</u>の実験については数万またはそれ以上の加工が必要であり、条件を変えるたびに繰り返す必要がある。このため、技術者や研究者による実験はほぼ不可能であり、現場での加工実績から推定している場合が多く、担当者の意見が強くなりやすい。

　③生産現場に情報が停滞する

　プレス加工を行っている企業では、多くの機械がさまざまな製品を多量に生産している。これらの生産をすべてプレス加工の実験をしていると考えると、膨大なデータが収集でき、結果を分析することで貴重な実験結果としての情報が得られる。

　実験計画を立てて実施すると、設定条件による金型寿命やトラブルの発生状況の比較、疲労による経年変化と劣化など、他では絶対に得られない貴重な情報が得られ、有効な対策が可能になる。プレス加工の場合、ここに机上の理論や実験設備での小規模な実験では不可能な、生産現場を持つ企業の絶対的な優位さがある。

2.2.2　加工中の状況は見えない

　プレス加工は、可動側（主として上型）と固定側（主として下型）の一対の金型の間に材料を挿入し、一方を押しつけて加工をする。このとき、材料を加工す

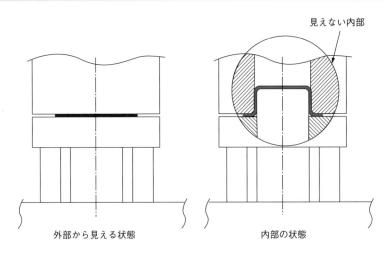

図2.4　実際の加工状況

る様子（変形の過程）は、閉じられた金型の中で行われているため外からは見えない（**図2.4**）。また同様に、閉じられた中での金型の状態も外部からは確認できない。

　プレス加工と金型の技術が難しく、理解しにくいのは、見えない（測定できない）閉じられた空間内で行われている加工の様子を想像し、推理することである。自動車のパネルなど複雑な形状の場合、コンピュータによるシミュレーション技術が進んでいるが、純粋な解析のみでの解決には限界があり、実際の加工事例によるバックデータによって信頼性は大きく異なる。プレス加工のトラブル対策では現場でのデータの収集と分析と合わせて、経験に裏づけられた想像力と推理力、それに基づくひらめきと勘なども重要である。

2.2.3　加工途中の材料と金型は面接触をしていない

　一般のプレス加工は、金型の形状および寸法を忠実に転写する加工である。ただし、成形部全体が面接触をするのは下死点付近における一瞬だけである（**図2.5**）。

　加工が始まる初期の段階から加工が完了する寸前まで、材料は金型の全面と接しておらず、金型部品の一部で点または線接触をしながら加工が進む。しかも、その接触部は加工が進むに従って場所が変わり、加工途中で発生する応力も場所

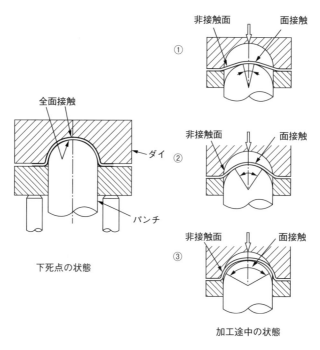

図2.5　成形加工での材料と金型の接触

もスライドの移動とともに時々刻々変化する（**図2.6**）。

　加工途中の形状と応力の変化は加工後の製品の形状に大きく影響するが、例外を除いてその確認はできず、一般的には加工前と加工後の形状から推定している。しかし多くの場合、イメージと実際の変化の様子は異なっており、このずれがトラブルの原因究明を困難にしている。

　最も単純なV曲げ加工の場合、図2.6の①のように直線の状態で折り曲がっていくと考えやすいが、実際は図2.6②のほか、さまざまな形状に変化しながら加工が進む。3次元の異形絞りの場合は、さらに複雑に変化しながら加工される。逆にこれらがわかれば、多くの加工限界およびトラブルの問題を解消できる。

　対策として加工過程のシミュレーションがあり、CAEなどのシミュレーションシステムを使う方法と、頭の中でのシミュレーション（イメージをする）などがある。この場合、加工の始めから終わりまでの加工途中のサンプルを作って並べ、変化の過程を実感するのが最も優れた学習方法になる。また、製品の形状と

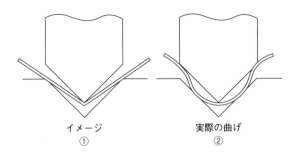

イメージ
①

実際の曲げ
②

図2.6 V曲げの途中途中のイメージと実際

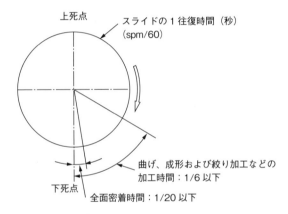

上死点

スライドの1往復時間（秒）
（spm/60）

曲げ、成形および絞り加工などの
加工時間：1/6 以下

下死点

全面密着時間：1/20 以下

図2.7 クランクプレスのサイクルタイムと加工時間の一例

加工内容によっては最後まで金型と面接触をしない場所もあり、弾性回復（スプリングバック）などの解析が困難である。

2.2.4 金型全面で加圧する時間が非常に短い

　プレス加工は高精度に作られた金型の形状を材料に転写し、金型にほぼ等しい形状を作る。元は平らな板が3次元の複雑な形状に変化するには、材料が移動をする必要があり、時間も不可欠である。これは、金属材料を粘土に置き換えてその加工を考えるとわかりやすく、手で叩くように早く加工しようとすると、大きな力が必要な上に形状が安定しない。

　これを、手で押し込むようにゆっくり押しつけると、抵抗が少なく正確な形状

47

ができる。しかし、プレス加工は加工時間が短い特徴があり、加工のために必要な時間を十分確保するのは難しい。さらに大部分の機械プレスは、金型全面で密着させて金型通りの形状を作るのは下死点近くの瞬間的な時間であり、十分な塑性変形ができない（図2.7）。

　加工速度を遅くすると加工は容易になるが、プレス加工の最大の長所である生産性が著しく低下する上、エネルギーも多く必要になる。この対策としては、加工内容に応じた最適なスライドの速度制御が必要になるが、一般的な機械プレスはほぼ決まっている。このため、スライドの動きを任意の速度でコントロールでき、加圧力の保持も容易なサーボプレスでの加工が効果的である。

2.3　プレス加工の加工上の問題

2.3.1　加工における金属材料の変化

　①塑性と弾性

　プレス加工は塑性加工の一種であり、金属材料に大きな力（荷重）を加えて変形させ、形状を作る。このとき、大部分のプレス加工は材料を引っ張り、その伸びを利用して加工をする。

　金属材料は、塑性と弾性の2つの性質を合わせて持つ（図2.8）。塑性は力を加えて変形したときの形状を、力を除いても元に戻らず保つ性質である。弾性は力を加えて変形したときの形状が、力を除くと元に戻ろうとする性質である。弾性はばね性などとも呼ばれており、言葉の通り板ばねやコイルばねなどはこの性質を利用したものである。

　プレス加工では、加工後の製品が元に戻るのを弾性回復、またはスプリングバックと呼んでいる。このため、プレス加工時の製品の形状や寸法が金型と同じであっても、金型から解放された後は一致せずにわずかにずれる。この金型と加工後の製品の形状や寸法のずれの大きさは、一定ではなくさまざまな条件の違いがあり、その変化量をコントロールするのは非常に難しい。

　自動車部品に多く使われる高張力鋼板などは変形抵抗が大きく、スプリング

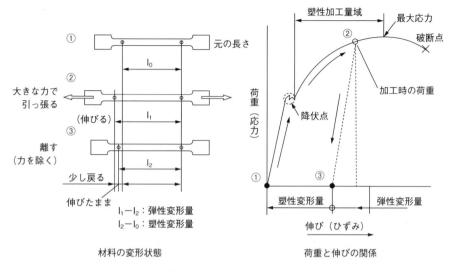

図2.8　引張試験における材料の伸び

バックも大きいため高度な対策が必要である。このため、金型製作時にトライと調整を繰り返し、本生産中に調整または修正が必要となり、完成品の形状や寸法不良などのトラブルの原因になる。

　弾性回復は曲げ加工の角度の変化とバラツキだけでなく、製品のそり、うねり、ねじれ、横曲がり、上下方向へのゆがみなどさまざまな変形となって現れ、その対策が難しい。ある程度までの高精度化は金型の形状精度などで対処できるが、それ以上の高精度になると、加工後の製品が金型の形状や寸法と同じにならない弾性回復が原因であり、製品内の残留応力に対する対策が最も重要な課題になる。

　②板材の異方性

　大部分の板材は圧延機で薄く伸ばして作られるが、組織が圧延方向に伸ばされて細い繊維状になっている。このため圧延方向に対し、縦、横および板厚方向では加工上の性質も異なり、これを異方性と呼んでいる（**図2.9**）。

　円形の金型で抜いても、楕円形になったりせん断面の形状が異なったりし、円筒絞りでは45°の方向の四隅に方向耳と呼ばれる凹凸ができる（**写真2.1**）。曲げ加工では、繊維方向と曲げ方向でスプリングバックの量が異なる。

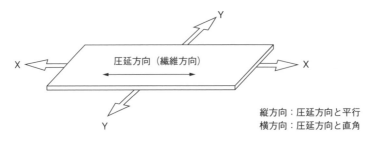

縦方向：圧延方向と平行
横方向：圧延方向と直角

図2.9　板材の圧延方向と異方性

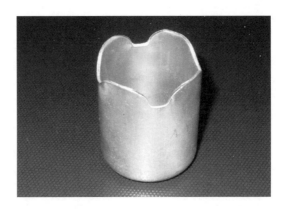

写真2.1　円筒絞りの方向耳の例（ブランクは円形）

③組織の変化と加工硬化

材料を塑性変形させると内部の組織が変化し、硬さを増したり伸び率が減少する。これを加工硬化と呼んでおり、影響が大きい場合は工程の間で焼なましが必要になる。

④発熱と加工特性の変化

プレス加工では、加工中に材料の変形による発熱、材料と金型との摩擦などで熱を発生する。製品内の温度が上昇すると、温間加工となり加工条件が大きく変わる。発生した熱は製品、スクラップ、工作油および大気中への放出などで排出されるが、発生する熱の量が排出する量より多いと、金型内に蓄積されて金型の寸法が変化し、製品の精度にも影響する。

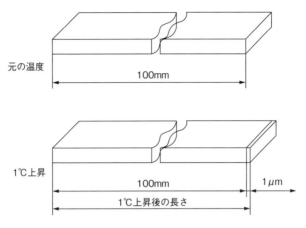

図2.10　温度上昇による鋼の膨張

　鋼は温度が1℃上昇すると、長さ100mmにつき1/1,000mm（1μm）膨張する（**図2.10**）。また、温度の上昇は製品と金型との焼付きなどのほか、金型の硬さや耐摩耗性などが低下して機械的性質を低下させる。しかし切削加工のように、加工部に多量の工作油を供給するのが不可能であり、製品材質や加工内容ごとの冷却方法が必要になる。

2.3.2　反力による機械および金型の変形と動的精度の向上

　機械の大きな加圧力は金型を通じて材料に伝え、材料を変形させる。このとき、ほぼ同じ大きさの反力が材料から金型、さらに機械へと伝わり、これらを変形させる（**図2.11**）。機械および金型は材料よりはるかに変形に対して強いが、わずかに変形する。

　大きな反力が加わるプレス機械や金型では、荷重を加えず静かな状態での静的精度と荷重が加わった場合に変化する動的精度があり、実際の加工に必要な精度は動的精度である。静的精度の測定は、測定に適した環境の中で精密測定機などにより測定できるが、動的精度の測定には多くの制約と限界があり、実際の測定は困難か不可能に近いが、次の方法がある。

　①動的精度を直接測定する

　上型と下型の間に高精度な変位センサを組み込み、無負荷時と実際の加工時の変化量を読み取る。X、Y、Zの各変位を測定するため3カ所に取り付けて測定

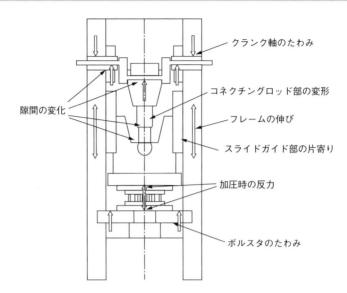

クランク軸のたわみ

コネクチングロッド部の変形

フレームの伸び

スライドガイド部の片寄り

隙間の変化

加圧時の反力

ボルスタのたわみ

図2.11　反力による動的精度の変化

し、その結果を記録する（**図2.12**）。

②静的精度と動的精度の差を小さくする

　測定が困難な動的精度を正確に把握する方法として、最も確実で信頼性の高い
のは、静的精度と動的精度との差を小さくすることである。荷重による形状およ
び寸法変化のしにくさを剛性と呼んでおり、精度の高いプレス加工では剛性の高
い機械や金型を使用する必要がある。

　剛性を高めるには、材質の縦弾性係数（ヤング率）の高い材料を使用するとよ
いが、この点で軽量化のためのアルミニウム合金などは鋼に比べて低く注意が必
要である。応力が発生する部分の断面積を大きくし、単位面積当たりの荷重を小
さくするのも有効である。また、荷重を加えたときの瞬間的な変形だけでなく、
長時間繰り返し荷重を加えると疲労による永久変形や破壊などに至る場合もあ
る。

　複数の部品で組み立てられた自動化その他の機器および金型には、さまざまな
方向から荷重が加わる。同じ材料を使用しても、その構造により変形の度合いは
大きく変わる。変形に強い構造にすることが重要である。特に自動機および金型
などは、速度を上げるための軽量化が必要であり、材料力学的な解明と裏付けが

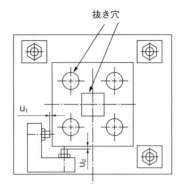

抜き穴

u_1

u_2

：Y 方向の変位

u_1：X 方向の変位
u_2：Y 方向の変位
s_1：Z 方向の変位

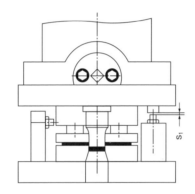

s_1

図2.12　変位センサによる抜き加工時の動的精度の測定用金型（抜き加工用）

必要である。

2.4　プレス加工独特の品質管理

2.4.1　プレス加工で作られる製品の品質上の特徴

　プレス加工は、それぞれの製品の加工に必要な機能に特化した専用の金型を使用する。当然加工後の製品は、金型の形状や寸法を忠実に転写し再現をするた

め、複雑で高精度な製品を早く、安く作ることができる。これが、加工条件を容易に変えられる切削加工や溶接、手作り製品などとの根本的な違いである。

製品の均一性が最も高い製品にコイン（硬貨）があり、何億枚作ってもそれぞれの硬貨の形状や寸法、重量の差を見つけるのは極めて困難である。また、自動車はそれまで手作りしていた部品を、フォード社が金型を使ったプレス加工に変えることで、部品の加工はもとよりその後の組立作業の単純化と流れ生産を可能にした。プレス加工の品質管理と品質向上は、この特徴をどのように活用するかで容易にもなり、困難にもなる。

2.4.2　一般的な品質管理との標準偏差の違い

プレス加工のトラブルにおいては、製品の品質、特に寸法精度に関するものが多い。プレス加工の品質管理の難しさは、一般の標準偏差を基礎とする統計的品質管理の手法が適さない（当てはまらない）部分があり、プレス加工独特の品質管理が必要なことである（図2.13）。

生産数の多いプレス加工で、寸法（長さ）などの計量値の品質は、全数を測定して合否を判定するのが困難である。したがって、少数のサンプルを抜き取って測定し、ロット全体の判定をする。このときの尺度には、正確さと精度の2つがある。正確さは規格の中心とのずれの大きさであり、精度はバラツキの度合いを表す（図2.14）。

一般的な品質管理は、規格の中心と平均値のずれ、およびバラツキの大きさ（標準偏差）の2つを組み合わせて生産工程の安定性を推定している（図2.15）。一般の品質管理では特性のうち、長さ、重量、時間、引張強さなどの計量値は、平均値の変化とバラツキの変化を管理する管理図を使用し、これらを組み合わせて使用している。このとき異常かどうかの管理限界は、平均値の平均を中心に標準偏差（σ）の3倍（$\pm 3\sigma$）を目安にしている（図2.16）。

工程能力指数（Cp）の場合も同様であるが、管理限界線ではなく規格の限界を使用するが、次の式で求められる。

$$Cp = \frac{（規格の上限）-（規格の下限）}{6\sigma}$$

Cpも標準偏差を基本としており、分母の標準偏差が小さいほど工程能力指数は大きくなり、その工程は安定するとしている。しかし、プレス加工ではこの考

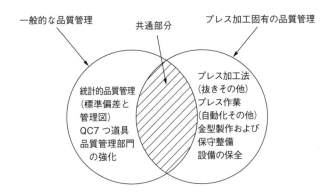

図2.13　プレス加工での一般的な品質管理の限界

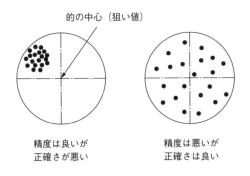

図2.14　的を射た場合の正確さと精度

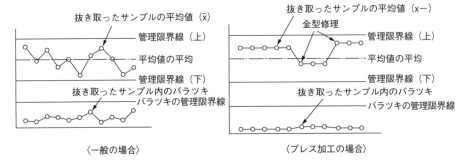

図2.15　平均値とバラツキの変化の比較

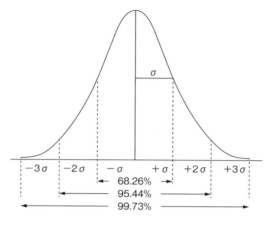

図2.16　標準偏差

え方と基本的に異なる部分があり、これが品質管理の専門家や多くの技術者および管理者を悩ませ、現場主導（現場任せ）になりやすい原因である。

　プレス加工は抜き取った数個のサンプル内のバラツキが非常に小さく、平均値の変動を管理する管理限界の幅も非常に小さい。このため、平均値の管理は規格限界を基準とし、管理限界は参考程度にするとよい。

　しかし実際の平均値は金型を修正したり、金型部品を交換したような場合はバラツキが小さいまま平均値の値のみが変化する。このため、平均値の管理限界は規格限界を基準にし、管理限界は参考程度に考えるとよい。プレス加工では日々の生産状態を定期的にチェックするより、金型に変化がある場合や材料のロットが変わったときなど、大きな変動要因があった時点で精密に測定する方がはるかに効果的である。

2.4.3　管理の対象項目と基準が不明

　一般の品質管理では完成後の製品を対象としており、それを元にその要因であるプロセスの内容を調べる。このため、異常の発見とその対策は製品の生産が終わった後になり、生産中のものは管理対象になりにくい。しかしプレス加工では、加工後の製品を規定した図面との因果関係が明確ではない対象を管理することが非常に重要で、効果的である。

　プレス加工は1工程のみで加工を完了する例は少なく、多くの工程を形状や寸

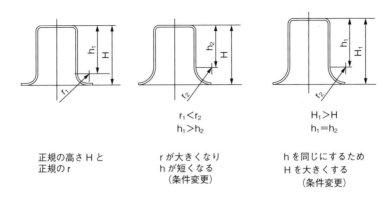

r₁＜r₂
h₁＞h₂

H₁＞H
h₁＝h₂

正規の高さ H と
正規の r

r が大きくなり
h が短くなる
（条件変更）

h を同じにするため
H を大きくする
（条件変更）

図2.17　次工程の絞り加工はhの部分で行うためrの変化を高さ（H）で補う例

法を変えながら、それぞれの工程を専用の金型で加工する。複雑な形状になると
10工程以上が必要であり、その途中工程の変化で最終の製品形状や寸法は変化
し、トラブルの大部分は最終工程が原因ではなく、その前の途中工程に原因があ
る。このため最終製品はもちろん、それ以上に中間工程の半製品の品質管理が重
要なのだが、多くの場合この部分は品質管理の対象になっていない。その理由は
次の通りである。

　①管理基準に指定がなく、管理対象外になっている

　一般に加工を終えた最終製品ではないため、その品質は顧客の受け入れ検査の
対象になっておらず、社内でも品質管理の対象になっていない。中間検査での管
理でも、途中工程の製品図は単なる参考に過ぎず、途中工程で変化しても最終工
程までに直れば問題にならないなどである。このため、新しく金型を作ったス
タート時とは似ても似つかない途中工程の形状や寸法で加工を続け、最終工程ま
たはその前で補正し、最終製品を規格内に収めている例が多い。

　例として、前工程の絞りRが大きくなり（不具合の真の原因）、後工程で加工
部の体積が不足して不具合が発生した場合、前工程の絞り深さを高くして（辻褄
合わせ処置）やり繰りしているなどがある（**図2.17**）。このようなことを繰り返
していると、不具合の発生場所とそれを補正した場所が異なり、原因の究明はも
とより対策もまったくわからなくなる。特に順送り型による多工程の加工では、
工程内のすべての関係が確認できるストリップレイアウトの管理が重要である。

②途中工程の工程数、工程ごとの形状および寸法の正解は不明

素材から加工完了までの途中工程の工程数、各工程の半製品（素材から完成品までの途中工程の製品）の形状や寸法は金型設計者独自の創作であり、内容は設計者によって決められたもので、決める根拠と過程も設計者以外の人はよくわからない。したがって、それぞれの工程の半製品の形状や寸法の管理限界も、他の人にはわからないイメージの世界となる。これを管理対象とし、管理をして行くには設計者のイメージを数値化し、仮の管理規格を指定する以外にない。

その後は、それぞれの工程ごとの変化の様子（データ）と、最終製品との関連性を調べて補正をする。すなわち、製作した金型と異なる他の工程設定も考えられ、他にもさまざまな工程設定が考えられる。わかっているのは、現在の方法でも製品を作ることができたということであり、それを遵守すれば同じ結果が得られるということである。

多工程のプレス加工でのトラブル対策で最も重要な原因の追及も、途中工程を詳細に調べることが最も重要で、金型設計者の参加が不可欠である。金型設計者は各工程のサンプルを見れば、全工程の加工の状態や金型・金型部品の構造および形状などがわかり、再現の方法も提案できる。しかも、金型製作時またはその後の修正時に、金型部品の形状や寸法を修正し、その結果を報告せず、型図面を訂正していなかった場合には真相は闇の中であり、再現は難しい。

この場合、真の対策には再度、全工程の金型部品の形状や寸法を正しくするため各工程の金型を作り直す以外になく、膨大な時間と費用がかかる。また、金型は使用しなくなるまで、常に使用中の金型と金型図面が一致しているように徹底しなければならない。

多工程を要するプレス加工製品の品質管理の最重要課題は、製品図および品質管理などの対象になっていない途中工程の製品の管理にあると言える（**写真2.2**）。これが、同じ金型を使う加工でも1工程のみで成形するプラスチックやガラス製品の成形、ダイカストおよび粉末成形などとの違いであり、難しさである。逆にそれまで、永年にわたって原因がはっきりせず、対策が困難と思われていたプレス加工も、途中工程の管理事項とその基準を明確にすることで、誰もが簡単に管理し、結果を保証できるようになる。

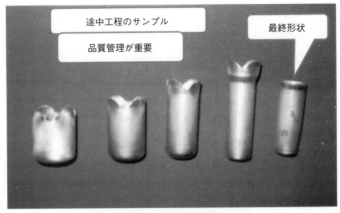

多工程の絞り加工工程

完成品

写真2.2　多工程を経たプレス加工製品

2.4.4　スクラップの重要性と管理

　プレス加工では、次のようなさまざまなスクラップや廃棄処分の不良品が発生する。

　①抜き加工での穴、製品を抜いた後のスクラップ（さん）

　②絞り・成形加工後の穴あけおよびトリミングの抜きかす

　③試し加工中の途中工程の不良品

　④異常発生時の不良品（搬送不良、位置決め不良その他）

　完成後の不良品は、不良サンプルとして保管されている場合があるが、調整中または途中工程の不良品の多くは廃棄されている。しかし、抜きかすをはじめスクラップとして廃棄処分されているものは、品質管理およびトラブル対策では貴

小穴のスクラップ　　　　　ブランク抜きのさん　　　　トリミングのスクラップ

図2.18　診断に役立つスクラップの例

重な資料である。

　人の健康診断でも尿や便などは、潜在的な病気の早期診断では非常に重要であり、目で見てもわからない多くの病気の治療に役立っている。プレス加工ではスクラップがこれに相当し、製品を見ていてもわからない異常の発生を事前に見つけ、未然に防止することができる。

　しかし、品質管理とトラブル対策の対象として、スクラップや途中工程の不良品サンプルを管理し記録している例は少なく、その発想で管理をしている例も少ない。スクラップを単なる金属のゴミと考え、まったく関心がなく、管理の対象と考えていない品質管理担当者が多いのではないか。トラブル対策の相談を受け、資料としてスクラップを要求しても、用意していない場合が大半である。

　穴抜き加工の健康度は、スクラップのせん断面の形状や表面の状態、ダイからの排出状態、温度を調べれば、刃先の摩耗状態、二番の逃がし状態、クリアランスの片寄り、潤滑状態などが容易にわかる（図2.18）。成形・絞り加工における途中工程の変化と安定度および金型の健康状態も、トリミングをしたスクラップを正常なときのサンプルと比較することで、確認できることが多い。

2.4.5　音、振動および温度

　人は情報の多くを目で見る視覚で得ているが、その他の感覚で得ているものも多い。機械から遠く離れた場所で異常音を感じ、緊急停止させてトラブルを未然に防いだ例もよく聞く。

　また異常な振動や発熱、臭いなどで、異常の前兆を察知する例も多い。これらの大部分は人の5感の聴覚（耳）、触感（手）、嗅覚（鼻）での察知であり、科学的ではない、個人差が大きい、習得が困難などにより否定されやすい。しかし、音は発生源、振幅と振動数、波形などを調べることで正確に知ることができ、振

動も変位や速度、加速度などの測定と記録が可能である。

　プレス加工は、他の加工に比べて騒音と振動が大きいことで知られており、その対策も重要である。騒音と振動が問題になるのは、人に対する公害とその防止であり、その管理基準も法律で定められている。一方、製品の品質、生産上のトラブル対策では別な対応が必要である。

　音はモノが振動して発生し、プレス加工ではプレス機械、金型、被加工材、製品およびスクラップなどから発生する。騒音は空気の振動であるが、発生原因はモノの振動であり、騒音で振動を間接的に管理することもできる。重要なのは、これを品質管理およびトラブル対策における管理の対象にするかということと、正常状態の範囲の明確化と異常との識別方法である。

　トラブル対策の有効な手段としては、騒音や振動を公害と位置づけて防音や防振動装置などで対策するだけでなく、その発生原因の追究が必要である。音や振動の変化の検出とその対策は、機械や金型の精度向上と寿命対策として、あるいは予知保全の方法としてもその価値と効果に期待ができる。

2.5　企業固有のデータベースとその活用

2.5.1　プレス加工での情報の整理・整頓とその活用

　日本のプレス加工の多くは、小規模な板金加工企業から自然発生的に生まれ、需要先産業の発展とともに発展してきた比較的新しい加工法である。このため、加工技術も企業独自に進歩した固有のものが多く、使う用語も企業固有または現場独特のものが多く残っている。しかし、国際化や人の流動化などによる他社からの転職者、短期雇用の未経験者、海外企業および外国人への正しい情報伝達などの必要性が高まっている。

　トラブル対策では情報がうまく伝わらないと、原因の究明や正しい作業の伝達、理解などができない。これを解決する方法には次の方法がある。

①用語の整理・整頓と統一

　企業や現場固有の用語には独特のものが多く、部外者にはまったく通じないも

3つの用語が使われていると覚えることは6つになる

図2.19　用語統一の必要性

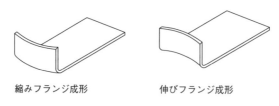

縮みフランジ成形　　　　伸びフランジ成形

図2.20　成形（フランジ成形）加工の例

のも多い。たとえば金型の高さが低い場合、金型の下に敷く高さ調整用の部品は
スペーサー（ブロック）、パラレルブロック、平行台、さらにその形から羊羹、
拍子木、下駄、枕などとも呼ばれている。

　金型部品のパンチも、その昔はポンチが正式用語とされ、専門書でもポンチと
表現しているものもある。また、雄型（おすがた、おがた）などとも呼ばれてい
る。パンチ、ポンチ、雄型の3つの場合、この3種類の他にそれらが同じである
という6項目を覚える必要がある（図2.19）。

　このような1つの「モノ」よりもさらに問題なのは、加工内容や異常の内容な
どの用語であり、人によって内容が微妙にずれていたり、違った意味に解釈され
ていたりするものも多い。図2.20はフランジ成形品の例であるが、曲げ加工の
一部または特殊な絞り加工として扱われている場合もあり、フランジ成形と呼ん
でいる例はむしろ少ない。1つの対象物に複数の用語が使われていると、新しく
覚える人はその数倍の用語と意味を覚えなければならない。

　②用語の意味（解釈）の統一

　パンチとダイの隙間をクリアランスと呼んでいるが、プレス加工ではパンチと
ダイの片側の隙間を言い、板金加工およびその金型などでは両側の隙間の合計を

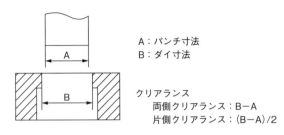

A：パンチ寸法
B：ダイ寸法

クリアランス
　両側クリアランス：B−A
　片側クリアランス：(B−A)/2

図2.21　クリアランスとは単なる隙間

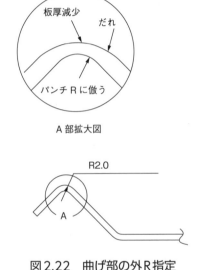

図2.22　曲げ部の外R指定

表す例が多い。これを間違えると、誤差は2倍になる（**図2.21**）。寸法測定の場合の基準面や測定位置が不安定で、実測ができない仮想点の場合に、測定者が変わると誤差が大きくなる。

　顧客から曲げ部の外Rを指定され、これが規格に入らず金型の修正を続け、最後にこの部分の金型を作り直した例がある。この場合、顧客の製品設計者はRの指定はどちらでもよかったが、内側より外側の方がわかりやすいと思い、外側に決めたとのことであった。しかし、内側のR指定でよければ何の問題もなかった（**図2.22**）。

顧客からの図面は、プレス加工に適した表現に変えて顧客の承認を受け、以後はこの図面を正規の図面に変えると好都合である。これをアレンジ図と呼び、プレス加工のトラブル対策では重要である。

　③曖昧な表現を避ける

　始業前点検のチェックリストの例を見ると、ボルトやナットの点検において点検方法は「ボルト、ナットに緩みはないか」であり、判定基準は「十分な締め付け」となっている。しかし、「緩みがないか」はどのように調べるのか、「十分な締め付け」とはどのように確認をするのかがわからず、結局よくわからないため「異常なし」にしてしまうことになる。このように、「○○に注意のこと」「○○に異常のないこと」などの表現は結果を保証できない。

　熟練者では常識になっていること、個性が強い企業内の用語は必要とする新人、他企業および他の地域では通じず、社外との情報交換に支障がある。これらの情報を一元化し統一するには、まず、現在企業内で使われている用語を集め、それらを分析し企業としての用語に統一をするとよい。この場合、ISOその他の世界規格、JISなどの国内規格、工業界などの規格、サプライチェーンなどの関係の深い他企業などとの整合性も考える必要がある（**図2.23**）。

2.5.2　データベース化

　情報は、作りやすさよりも使いやすさに重点を置いて作る必要がある。このとき重要なことは、誰が（どの程度の基礎知識があるか）、いつ、どのように使うかを想定して作ることである。そのためには、必要な情報がどこにあるか、どのような手続きで手に入れるのか、すぐに理解できるか、わからない場合はどうするのかなどを明確にしなければならない。例としては、最も経験が少ない新人が使うと想定した場合、その人がいつでも簡単に使えるよう、テストをして確認をするとよい。

　わかりやすく伝えるには文字や言葉を減らし、絵やイラスト、動画などを活用する。これが、単なる数値や表および説明書などのデータをデータベース化することに当たる。

　データベースの作成というと、多くの人や企業は表、グラフ、数値、計算式などの資料を示し、自社ではすでに構築できているという。中にはほとんど使われず、「確かにあったはずだ」というものや「探すのに時間がかかり、面倒だから

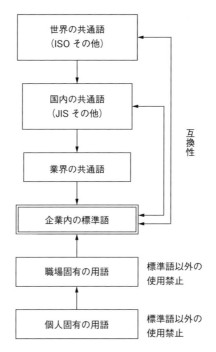

図2.23　社内の用語の標準化と統一

見ない」「内容が難しくてよくわからない」などそれを必要とする現場で活用されず、作った人の自己満足に終わっている場合がある。さらにひどいのは、データベースの内容のメンテナンスが不十分で、「データベースの資料は古いので現実と合わない」などという例もある。

　いかに優れたデータも、そのままでは時間とともに陳腐化し、量が多くなるほど使い勝手が悪くなる。データベースは、使う必要がある人に使われなければまったく価値はなく、必要な人が、必要なときに、必要なデータが、簡単に入手できることが求められる。このためデータベースは、作る以上に使い方の技術が必要で、その中心は業務のフローチャートと必要なデータとの関連性である。

　特に問題なのは、業務の遂行時に検索をすると必要のないデータが多量に出てくることで、その選択に多くの時間と能力が必要なことがある。最近はインターネットでキーワードを入力すれば膨大な資料（データ）が表示されるが、その多くは期待する内容とはずれており、内容がさまざまで選択に困り、結局期待する

ものが得られなかったという経験は多い。

　そこで企業内では内容、使い方、意味、表現方法、使い方などを限定したデータベースを作るとよい。もちろん、インターネットの情報や専門書なども資料として集め、企業内向けにアレンジしてデータベースに取り入れても構わない。この場合もデータそのものでなく、応用範囲や使い方、選択方法などの応用技術が必要である。

2.5.3　シミュレーションの精度向上のための固有データの蓄積

　前にも述べたように、プレス加工では実際の加工は閉じた金型の中で行われ、目には見えない。また成形のために必要な荷重（応力）と伸び（ひずみ）の関係も、材料の内部で目に見えない変化である。

　自動車のパネルなど複雑な3次元の自由形状の加工では、有限要素法やその他の理論に基づくさまざまなシミュレーションシステムが開発され、使用されている。しかし、その信頼性の向上には固有データの蓄積が必要であり、最大の情報は企業内で得た失敗から得た教訓である。

　外部企業から得たソフトウェアで不足しているのは、この失敗の積み重ねが少ないことであり、企業が製品のグループごとに専門化されているのもこの蓄積の差が大きい。失敗は単なる損失ではなく、企業の財産である固有情報を得るための投資であると考えると、無限の価値を生む。また成功の場合も、単に結果オーライではなく、なぜ良かったかの検証をすると、再現性その他の信頼性が高まる。

　複雑な3次元形状の成形では、部分的に割れ（亀裂）、しわ、ゆがみが同時に発生する場合が多いが、図2.24に示すスクライブドサークルとその変化を見ると、応力の変化量とバランスの悪さを目で見て実感でき、補正できる（図2.25）。最も効果が大きいのは、普通では目に見えない材料の中の応力の変化と分布を目で見て実感できることであり、他の製品および課題に対しても材料変化とその対策についての対応力が高まることである。また、この補正結果をデータベースに戻すことで、信頼性が向上する。

2.5.4　プレス加工での情報の金型へのフィードバック

　金型製作は受注生産品であり、顧客から注文を受けて生産する。このため、顧

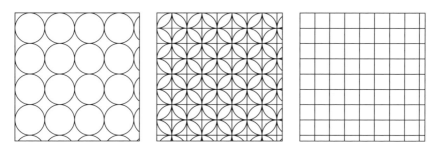

図2.24　スクライブドサークルのパターン例

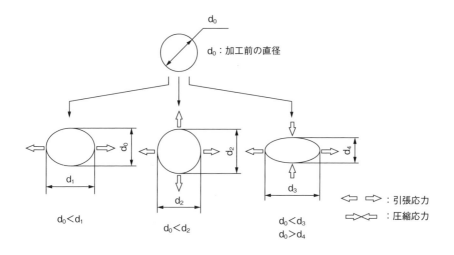

加工後の形状と寸法

図2.25　加工によるスクライブドサークルの変化

客側の要望事項に沿った仕様で作られる。しかし金型の場合、製作を指示する管理部門と金型を使用する職場が別な場合が多く、真の顧客であるプレス加工部門の要望が金型製作前に十分伝わっていない場合が多く、でき上がった金型を支給されるというイメージが強い。このためでき上がった金型に納得できない部分があっても手遅れであり、そのまま使用することになる。

　対策としては、金型製作前にプレス加工部門の要望を十分伝える必要があり、次のような方法がある。

①製品を受注し、金型製作の指示をする前にプレス加工部門でチェックし、要望事項を添付して製作を指示する部門に戻す。その後で、金型部門へ製作指示をする

②全社の技術を統括する生産管理部門が金型の仕様を決定する。プレス加工システム全体の中で金型の役割と機能を決め、製作仕様書と検収方法を指定する

③金型製作部門が製作前にプレス加工部門の了解を得る

④金型製作部門がプレス加工の製品品質と生産性などを保証する。この条件を満たすまでのトライ、調整、修正などは金型製作部門の責任と費用負担で行う

　いずれの場合も、金型製作部門にとってプレス加工部門は唯一の顧客であり、顧客の満足度を高める必要がある。しかし、部門がまったく別でしかも金型製作後にプレス加工部門に渡されるため、金型そのものはもとより情報も金型製作部門からプレス加工部門への一方通行になりやすい。

第 **3** 章

プレス作業と設備の保守整備

3.1　プレス加工のための実務作業

3.1.1　段取りとその作業

　昔からさまざまな分野で「段取り八分、仕事二分」と言われているが、この意味は事前にきちんと段取りを済ませておけば8割程度は完成したのと同じ、という意味である。逆に物事が思うように進まず結果が良くない場合、その原因の8割は段取りにあるということである。

　プレス加工でも、生産の途中で発生するトラブルや加工後の製品の品質不良など、結果が悪い原因はそれぞれの作業にあるのではなく、大部分は事前の段取りにあると言える。段取りには大きく分けて次の2つがある。

　①総合段取り

　本来の段取りの意味は、ある業務を請け負い、これを完了するまでのすべてについて責任と権限を持って準備することを言う。

　その昔、城や神社仏閣などを1人の棟梁が基本構想から設計、材料の手配、職人の手配と作業指示、工事の進捗管理などのすべてを差配し・指示し、不都合なことが発生すれば即座に処置をして最終的な責任を負っていた。これらの内容を、すべて事前に頭の中でまとめることを段取りと言っていた（**図3.1**）。

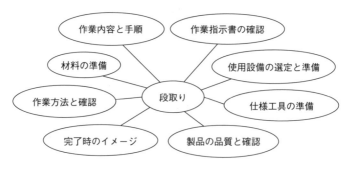

図3.1　作業開始前の準備としての段取りの例

②各作業単位ごとの段取り

これは、上記した段取りの一部である工程や作業ごとに細分化された段取りに相当する。しかし、それぞれの実作業でも手際が良く無駄がない、作業が途中で停滞したり迷ったりしない、頭（脳）と両手を無駄なく使って作業が速い、ミスが少ないなどの差が生じるのは、その作業での段取りの差である（**図3.2**）。プレス加工のトラブル対策でも、作業開始前にどれだけ段取りができているかは重要で、処置から対策への移行には欠かせない。

少人数の企業の場合は①の総合的な段取りが多く、業務別および職制での分業化が進んでいる中、大手企業では②の作業ごとの意味で使っている場合が多い。この伝統がプレス加工および金型製作の企業・職場などでも続いており、小規模企業では1人の責任者がさまざまな管理、金型の保守整備、段取り、作業の指示と実務を兼務している企業が多かった。これが、管理者（ゼネラリスト）と専門職（スペシャリスト）の意味と領域を不確実にし、責任と権限を曖昧にしている。

ここでは、プレス加工に必要な狭い意味の段取り作業について述べる。段取りに関するトラブル対策では、まず業務内容別の担当者、責任と権限を明確にする必要がある。プレス加工に限定した段取り作業には次のような事項がある。

①材料の準備

使用する材料の種類、量、品質などの確認と定位置への運搬

②金型

生産する製品と使用する金型との照合、機械への取り付け方法の確認、使用前

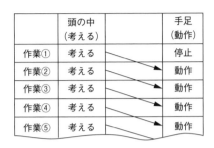

	頭の中 (考える)		手足 (動作)
作業①	考える ------ 停止		停止 ------ 動作
作業②	考える ------ 停止		停止 ------ 動作
作業③	考える ------ 停止		停止 ------ 動作
作業④	考える ------ 停止		停止 ------ 動作

段取りができていない場合の作業

	頭の中 (考える)		手足 (動作)
作業①	考える		停止
作業②	考える		動作
作業③	考える		動作
作業④	考える		動作
作業⑤	考える		動作

段取りができている場合の作業

図3.2　作業における段取りの効果

の点検と清掃、新しい潤滑油の塗布などとプレス機械への取り付けおよび調整
③プレス機械および周辺機器
プレス機械は機械の種類、能力および仕様などの確認。始業前の安全点検と金
型取り付け後調整などで、周辺装置は種類、機能などの確認と準備
④工具の準備
安全手工具、機械および金型取り付け作業用の工具、金型取り付け工具などの
確認と準備
⑤作業工程、手順およびその内容の確認
作業開始から終了までのすべての作業手順および注意事項などの確認と準備
⑥不明な点、疑問な点などの確認
初めて担当する製品、および金型などの場合適当に判断せず、過去の事例や段
取り、生産上の注意点などの確認
⑦作業担当者への指示内容とその確認
段取り担当者と作業担当者が異なる場合、または担当者が複数の場合はその分
担と責任の明確化と必要な指示
　多くの企業では業務別の分業化が進み、管理面では品質に関する管理は品質管
理部門（検査部門を含む）、納期と工程管理などは生産管理部門、コストは原価
管理部門など専門の管理部門が行っている例が多い。また現場では一般に、プレ
ス加工の担当者が自ら段取り作業を行う方法と、段取り作業専門の担当者（ダイ

セッター）と加工専門の作業者（オペレータ）に分かれている企業とがある。

　日本の場合はプレス加工担当者の経歴が長く、豊富な経験と熟練した技能を持つ人が多かったため、多能工としてプレス加工はもとより段取り作業、軽度な金型の調整および修正、さらにさまざまな管理まで自ら行っている例が多く、中には金型の修理まで行う作業者もいる。技能検定の「プレス加工」職種でも金型の点検と組立、プレス機械への取り付けと調整、試し加工と品質確認、実作業（生産）などが含まれている。

　このように、1人で多くの作業を行う多能工にすべてを任せると、すべての情報が1人に集中し、その内容が他の人にはわからなくなる。このような方法の場合、無駄が少なく効率は良いが、個人差が大きく、人が替わったときのリスクが高い。また、個人の能力が企業の能力となり、企業全体としての総合力を発揮しにくく、新しい課題への挑戦も難しい。

　今後は企業、職場を1つの集団とした総合的なシステム化の中で、システムとそれぞれの人の役割分担とその向上が求められる。ここでは、プレス加工のトラブル対策に関する段取り作業そのものに限定して述べる。プレス加工での主な段取り作業には次の事項がある。

(1) 作業開始前

　①プレス機械の始業前点検

　始業前点検は、法令で定められている安全に関する始業前点検と、生産に必要な事項の2つがある。確認事項としては能力と仕様のほか、加工条件に合っているかの確認がある。

　スライド調整およびノックアウトバーの調整ねじの位置が、前回の作業条件のままで金型を取り付けたときに、金型や機械を破損する場合がある。また、ボルスタ上やT溝内にスクラップなどが残っていると、トラブルの原因になる。

　②潤滑油の供給

　機械のトラブルの40%以上が、潤滑用の給油不足か不適切な使用であると言われており、潤滑は非常に重要である。潤滑油を使用する場合の原則は、指定された場所に、指定された潤滑油を、指定された量だけ、指定された方法で行うことである。これを確実に行うには、担当者が上記の各内容を正しく知り、間違いのない方法で行えることが必要である。

　潤滑油の給油場所がわかりにくい、潤滑油の種類が多くてわかりにくい、どの

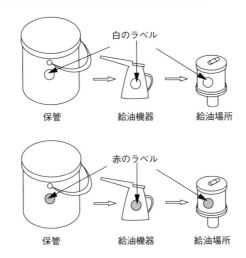

白のラベル

保管　　　　　　　給油機器　　　　　給油場所

赤のラベル

保管　　　　　　　給油機器　　　　　給油場所

図3.3　潤滑油の種類を間違えない対策の例

程度の量がよいかわかりにくく、確認しにくい、給油用の機器の種類と用途がわかりにくいなどがあると、必然的にミスが発生する。この対策として「よく注意し、確認をすること」などと指示するのは対策とは言えない。対策としては、潤滑油別の容器や給油場所などを同一の色で区分するカラーダイナミックスという方法がある。これは同じ色の場所へ、同じ色の容器の潤滑油を給油することであり、間違えることはない（**図3.3**）。

　また機械メーカーごとに指定された潤滑油には、それぞれの潤滑油メーカーのものを指定することで種類が異なるものが多い。メーカーを特定し、類似のものは種類を統一することで少なくできる。

　③金型の点検と清掃

　金型の機能面の点検は、定期の点検整備か加工終了後の点検に重点を置き、始業前の点検はそれらの再確認程度にするとよい。最も重要なのは金型の清掃であり、古い工作油および潤滑油をきれいに拭き取り、新しい油を塗布し直す。

　古い工作油がダイの逃がし部に残っていると、乾燥により粘度が高くなり、接着材の役をしてかす詰まりの主要な原因になる。これは休日明けの加工開始後、休日前と同じ条件で加工をしても、かす詰まりその他のさまざまなトラブルが発生するのは、金型内に残った粘度の高い工作油が原因の場合が多い。

また、古い使い残しの工作油に含まれていた塵埃、抜き加工での金属粉などが凝縮され、可動部品の作動不良や半製品の位置決め不良、打痕などの原因になる。これらをきれいに拭き取り、新しい工作油をつけてから加工を始めるとよい。さらには、ガイドポストユニットなどの潤滑油も古いものを拭き取り、新しいものに交換すべきである。

　④機械への取り付け

　使用前の金型を点検、清掃して新しい潤滑油か工作油を塗布する。金型を指定された取り付け工具で、指定された方法と順序で取り付ける。

　⑤材料の準備

　被加工材については、伝票を作業指示書やその他の指示書と照合し、間違いのないことを確認して指定場所へ準備する。また、保管・運搬中の塵埃の付着、きずや変形がないことを確認をする。

　⑥試し加工とサンプルの検査

　本生産用のための周辺機器の取り付けと確認、自動加工の場合は自動で連続的に生産したサンプルで確認をする。

　専門の検査部門で検査や判定をする場合は、合否の判断だけの回答が多いが、データの継続性と変化の様子が重要であり、管理図が役に立つ。しかし、試し加工でのデータをどのように管理し、活用するかの役割を明確にすることが必要である。特に一度で合格せず、不合格の後にどのような調整や修正などの処置を行ったか、その結果がどうであったかなどの情報は、プレス加工部門の貴重な財産となる。

(2) 段取り作業でのトラブル対策

　これらの作業内容を間違えたり、忘れるとトラブルの発生原因になる。たとえば下型をボルト4本で固定する場合、平衡で均一に締め付ける必要があり、これを間違えると金型を痛めたり破損することがある（**図3.4**）。

　正しい作業をするには、基礎（標準）作業の習得と、作業標準または作業手順書の正しい理解の2つが必要である。信頼性の高い段取り作業を実現する上で、最も有効で確実な方法には次の事項がある。

　①段取り作業での調整作業をなくす

　調整作業は標準化が難しく、良否の判断などの個人差も大きい。理想は「ワンタッチ・無調整化」である。

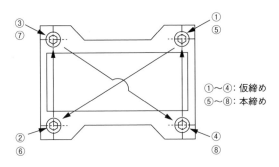

図3.4　下型をボルト4本で固定する場合の順序

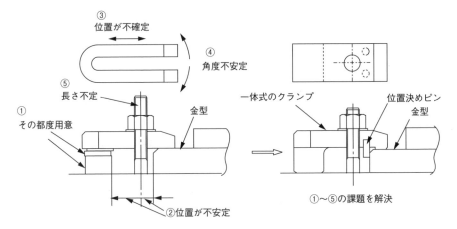

図3.5　金型のクランプ高さを統一して専用のクランプ装置を使用した例

　②作業内容を単純化し、考える内容を少なくする

　人は注意力の維持には限界があり、注意力では防げない。しかし、ミスは考える回数に比例するため、考える回数を減らすのが最も確実な対策である（**図3.5**）。

　③段取りを自動化する

　段取りの自動化は、人為的なミスを排除できるため信頼性が高い。特にミスを防ぐための確認事項の自動化は効果が大きい。事例としては、機械式または電気式のインターロック、ランプ、ブザーなどでの警告がある（機械式のインターロックの例）。

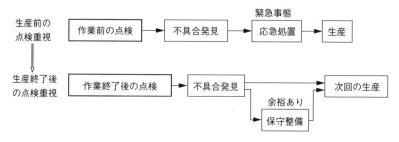

図3.6　金型の点検時期と処置対策

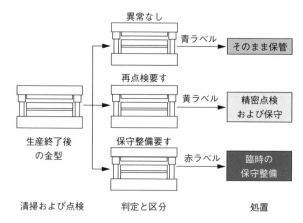

図3.7　作業終了時の金型の点検と処置

(3) 作業終了時

　作業終了時の段取りは単なる後始末と考え、生産には直接関係ないと思われやすいが、トラブル対策では始業開始前の段取りよりも重要である（**図3.6**）。その理由は次の通りである。

　①金型の点検と保守整備

　点検後の金型は「異常なし」「精密点検要す」「整備または修理要す」の3種類に分けて処置するとよい（**図3.7**）。

　加工が終わった金型はマグネット工具の使用、プレス加工時の反復応力による磁力の発生または回復など、さまざまな原因で磁気を帯びやすい。この金型の残留磁気が、鉄その他の磁性材料のスクラップや粉末状の鉄粉などを引きつけ、製

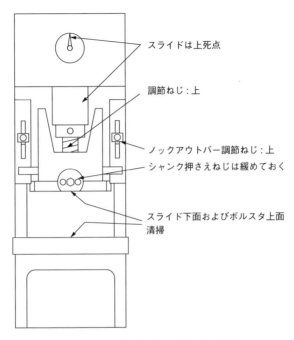

スライドは上死点

調節ねじ：上

ノックアウトバー調節ねじ：上
シャンク押さえねじは緩めておく

スライド下面およびボルスタ上面
清掃

図3.8　作業終了後の機械の整備

品のきず、打痕その他の不具合の原因になり、金型自身もダメージを受ける。これを避けるには、使用後の金型を清掃後に脱磁装置を使って脱磁することが望ましい。

　穴抜き型の場合は、ダイの中に詰まっているスクラップを取り除くと、次回加工時のスクラップや異物によるダイのダメージを少なくできる。また、スクラップの詰まり状態やスクラップの状態から、抜き状態の診断もできる。

　②次の生産開始時の条件を初期設定に戻す

　スライドの下死点位置やノックアウトバーの調整ねじの位置、その他の条件が変わっていると、重大な事故につながることがあり、危険でもある（**図3.8**）。

　③電源および圧縮空気回路の遮断

　圧縮空気はストップバルブを閉じ、3点セットのドレン抜きを確実に行う。このように段取り作業の多くは作業終了時に行い、作業開始前は簡略化すると処置が減り、対策に移行できる。

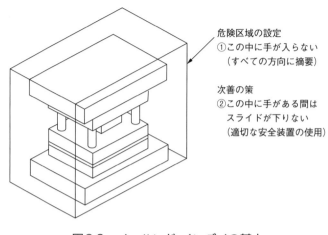

危険区域の設定
①この中に手が入らない
　（すべての方向に摘要）

次善の策
②この中に手がある間は
　スライドが下りない
　（適切な安全装置の使用）

図3.9　ノーハンド インダイの基本

3.1.2　プレス作業

　段取りを除く直接のプレス作業としては、次のようなものがある。

(1) 材料の挿入と製品の取り出し

　主として単工程・手作業で、製品1個ごとに材料を金型内に挿入し、取り出しを行う。加工の都度、金型内の危険区域に直接手を入れるため、プレス加工の災害の中でも最も危険度が高い。基本は本質安全化であり、米国での安全法のNO HAND IN DIE（ノーハンド インダイ）の日本版であり、加工中に「金型の中に手がない（入らない）」ということである（**図3.9**）。

　対策としては危険区域を安全囲いで囲い、手が入らないようにすることである。安全装置の使用は、上記の方法が不可能な場合の次善の策に過ぎない。自動化と安全囲いの併用が最も望ましい。

　主な作業内容は、金型内に個別に切り離した①半製品を挿入する、②押しボタンを押して加工をする、③金型内の半製品を取り出す、の3つである。一般にこの作業は①→②→③のように考えるが、実際の作業は③→①→②であり、生産数に関係なく①→②→③の作業は最初の1回だけである（**図3.10**）。トラブル対策では、この3つの作業の中で重要なのが③であり、取り出しが確実にできて初めて①が可能になる。

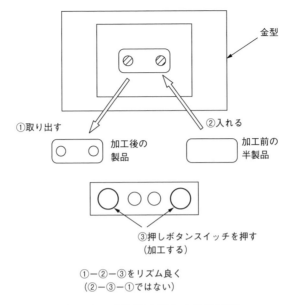

①取り出す

加工後の
製品

②入れる

加工前の
半製品

③押しボタンスイッチを押す
（加工する）

①－②－③をリズム良く
（②－③－①ではない）

図3.10　手作業の場合の作業手順

　この作業は③→①→②、③→①→②と三拍子で調子良く作業ができるとよい。半製品が上型につく、上型からノックアウトで落ちる位置と姿勢がバラバラ、下型のガイドピンなどから外しにくいなどがあると、リズムが乱れてイライラしたり生産性が低下する上、事故の元になる。

(2) 一定間隔での作業

　これらの作業のほか、ブランク抜きまたは前加工の済んだ個別の半製品を容器から取り出す、加工の済んだ複数の製品を容器に入れるなどの不連続な作業がある。このとき加工前の半製品と加工後の製品が混入し、ロットが不合格になる例があり、混入防止が重要である。

　このほか、金型への工作油の塗布や金型内の清掃などの作業がある。個人の判断に任されている場合もあるが、個人差を少なくし安定させるため規則を作り、これを守るようにするとよい。

(3) 監視業務

　稼働中の機械や金型などの異常を発見して処置をすることであり、異常が頻繁に発生する場合は早急な対策が必要である。反対に頻度が非常に少ないと、注意

力が散漫になって気づきにくくなる。いずれにしろ監視業務を人が行うことは問題が多く、センサなどでの監視に変え、インターロックのシステムに組み込むことで、ある条件を満たさない場合は次の作業に進むことができず、うっかりミスによるさまざまなトラブルを防止できる。

　プレス加工の自動加工の場合、人は機械から離れていてもよいが、担当者は製品の品質、半製品の搬送不良による金型異常または破損、その他トラブル発生の責任を負っていると精神的な負担は大きい。実際のトラブルが発生しない場合でも、作業者の精神的な負担を少なくする意味で、監視業務の自動化と信頼性の向上が重要である。

⑷ 中間検査用のサンプルの検査と判定など

　中間検査用のサンプルの検査は指定された間隔ごとに行う必要があるが、うっかり指定された数量以上を加工することや、忘れることがある。対策としてはカウンタを利用し、自動加工の場合はシュートまたは取り出し装置と組み合わせ、一定間隔ごとにランプなどで知らせるか、自動的に取り出すようにするとよい。

　これらの業務が頻繁にあると、①の製品の挿入・取り出しが自動化されていても人が必要であり、生産性は低下する。これらを人のスキル向上で対処するか、人の介在を少なくする自動化を目指すかで結果は大きく変わる。

3.2　金型の保守整備

　プレス加工にとって金型の保守整備に関する技術は最も重要であり、トラブル対策の中心でもある。企業内でこの技術を高めるには次の2つの方法がある。

　①金型の保守整備専門の担当者の技術・技能向上

　金型の保守整備のスペシャリストとして育成する。担当予定者は、プレス加工・金型製作の実務経験を積んだ中から適任者を選抜し、さらに専門技術を習得した上で専任している。課題は人材が限られ、確保が困難で育成にも長い時間が掛かることである。

　②金型の保守整備システムの高度化

　保守整備に必要な情報をデータベース化し、そのシステムを高度化することで

正しい持ち方

向きが逆

間違った持ち方

写真3.1　スパナの持ち方

標準作業を計画的に進めればよく、担当者は基準に従って標準作業を進めればよい。この場合、最も重要なのは基礎作業であり、その徹底である。

　工具の選び方や持ち方、作業の方法と手順などであり、これは生産する製品や生産方法などが変わっても、時代が変わっても変わらない基礎技術である（**写真3.1**）。

　基礎作業（基本）が正しく習得できていない人は、土台の不完全な建築物のように不安定で頼りなく、その先の応用および新しい技術への挑戦も難しい。昔から武芸や芸能その他で名人・上手と呼ばれたり、画期的な新技術を生み出すレベルに到達する順序として序（習）、破、急（離）が言われている（**図3.11**）。個人の努力で自己流の習熟度を上げ、熟練者として一目置かれる人の中で、基礎が不十分なままの人を見かける。このような人は自分の流儀で結果を出せても、チーム全体の調和を乱したり、システムへの貢献も期待できず、他の人を指導することもできない。

　熟練者への基礎の再教育は難しいが、社内資格検定制度の実施と社内免許証を取得するための条件として、基礎教育を義務化するとよい。教育内容は、必要な内容全体を並行にレベルアップするのではなく、必要な項目ごとに一定レベル以上に上げ、徐々にその項目を増やすことである。これが学校教育と企業内教育の

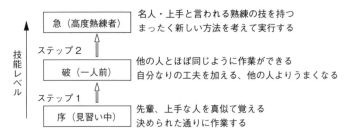

図3.11　習いごとなどの上達する順序

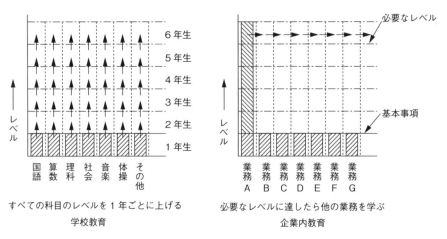

すべての科目のレベルを1年ごとに上げる
学校教育

必要なレベルに達したら他の業務を学ぶ
企業内教育

図3.12　学校教育と企業内教育の違い

最大の違いである（**図3.12**）。

　プレス加工に関する技術の中で、最も高度なものとしては金型の保守整備があり、大部分の企業において必要な技術は一部の限られた人が持っている。この限られた貴重な情報を、いかにして企業全体に波及させるかが課題である。

　③金型のカルテの作成と活用

　金型は一部のごく多量生産用のものを除き、2つ以上同じものはなく、それぞれ内容が異なる。しかも、生産と保守整備などを続ける中で内容も変化をする。これを管理し、計画的に保守整備をする上で必要なのが、金型ごとの生い立ちと経過がわかるものを作ることである。

　この参考になるのが病院のカルテである。病院には患者1人ひとりに専用カルテがあり、その人の過去の病気の経過、手術その他の治療の内容と結果、投薬とその効果などそれまでの状況が時系列でわかり、その後の治療の参考になる。病院は専門分野ごとに細かく分業化されているが、必要な人はこれらの集計した結果を見ることができ、総合的に判断できる。

　金型も個々にカルテを作りそれを参考にすると、過去にどのような不具合があり、どう対処したか、その結果がどうであったかなどが共有できる。効果としては、個々の金型に対する適切な保守整備の実施、特にその金型に固有の欠陥（人の場合の持病）などがわかり、長期的な観点からの保守整備計画も立てられる。また多数のカルテを分析することで、金型製作の課題と企業全体の保守整備の状況がわかり、金型全体の内容の見直しと今後の対策の基本計画ができる。さらに類似の金型を層別し、金型グループ別の共通事項を見つけると、今後新しく作る金型への対応も可能になる。

　カルテの書式や記入内容は、目的に合わせて修理や保守整備の内容、保守整備間の生産数、備考（生産過程または保守整備中に気がついたこと）などを記入すればよい。カルテを電子化することで、部門や人を問わず必要なときに活用できるようになり、企業固有の技術が確立できる。

3.3　プレス機械の保守整備

　プレス機械の点検と保守整備は安定生産の前提条件であり、金型の点検や保守整備とともに非常に重要である。しかし、本格的な保守整備には高度な専門知識と技能が必要な上、さまざまな専用機器および工具も必須である。

　安全点検での特定自主検査は指定の国家試験に合格し、資格を持った人か業者以外はできない。日常点検は企業で専任された作業主任者が行い、始業前点検のみ作業担当者が行える。精度検査や整備などはこのような資格はいらないが、同等程度の能力を持った人と専用の機器が必要である。

　社内でこのような体制を作るには、それ相当の規模と効果が必要で、規模の小さな企業は専門業者に依頼をするとよく、できれば機械の製造メーカーか特定自

主検査を依頼している業者に依頼をするとよい。企業側では担当者を専任し、情報を一元化するとともに、機械の稼働状況や点検整備の記録は機械ごとのカルテを作成し、長期計画を立てて順次実行をするとよい。

3.4　周辺機器の保守整備

　プレス機械の周辺装置としては、安全装置や自動化装置、ダイクッション、金型取り付け用のダイリフタなどがある。安全装置の点検は使用する金型や製品、加工内容などによって使用内容が制限されたり、使用できない場合もある。

　同じプレス機械・安全装置でも、作業内容によっては条件が変わる場合があり、作業内容との適性を判断し、許容範囲内であることを確認する必要がある。企業内でこれらの業務が分業化されている場合、最も有効なトラブル対策は「ルールを作り、ルールを守る」ことである（**図3.13**）。ポイントは、いかに内容が良く、誰もがわかりやすく、間違えにくいルールを作るかということと合わせて、個人の技量に関係なく決められたルールを忠実に守るかが重要であり、個人で多くの業務を行う場合との最大の違いである。

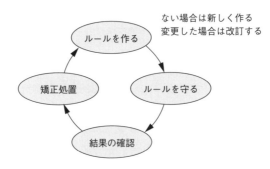

図3.13　ルールを作り、守るための管理サークル

第 **4** 章

抜き加工のトラブル対策

4.1　抜き加工の基本

4.1.1　抜き加工の種類

　抜き加工は**図4.1**に示す5種類の要素で、さまざまな抜き製品を加工している。①打抜きは、全周を一筆書きで加工するもので、外形抜きと穴抜きに使い分けられる。②切欠きは、抜き形状の一部が開いた加工である。③分断は、両端が開いた抜き加工である。④切断は、1本の線で材料幅を切る加工である。⑤切込みは、材料内を1本の線で切るが、分離されない。

　以上の5要素を単独または組み合わせて用い、さまざまな形状加工に対応している。この要素の特徴をつかむことが抜き加工の不具合対策に役立つ。

4.1.2　抜き過程

　抜きはシンプルに見えるが、加工内容は結構複雑である。その内容を**図4.2**で説明すると、図4.2(a)でダイ上に置かれた材料にパンチが接すると、クリアランスの関係から偶力が働き、材料を反らす力が働く。その様子は図4.2(b)のようになるが、材料の強さがあるため実際は図4.2(c)に示すように、パンチとダイの接触部分がつぶされる。

　つぶれる量は材料強度から決まってくる。その際、材料はパンチ方向に引かれ

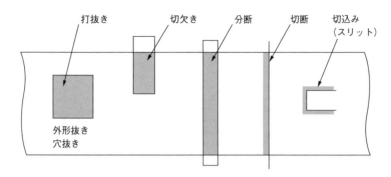

図4.1　抜き加工の種類

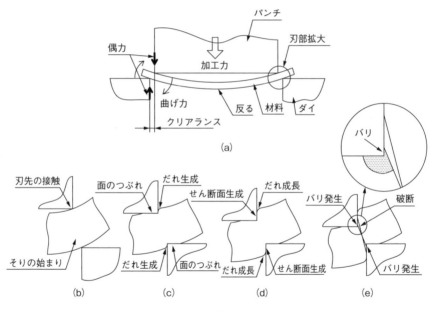

図4.2　抜き過程

ることで、だれができる。この状態を経過して、図4.2(d)の状態へ加工は進む。

　材料はクリアランス部分に流れ込み、だれを増加させ、限界に達するとせん断面を作る。せん断面形成部分の加工硬化が増加して材料の滑りが限界に達すると、図4.2(e)に進んで破断し、せん断は完了する。その際にバリを作る。バリの発生位置は切刃の角ではなく、切刃側面部分から発生する。以上の過程で作られ

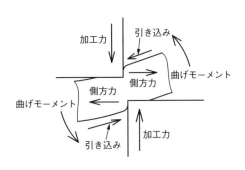

図4.3　抜き加工で材料に働く力

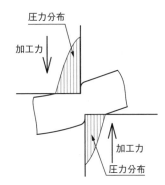

図4.4　抜き加工で刃先に働く応力

るせん断形状を普通せん断と呼ぶ。

4.1.3　抜き加工で材料に働く力

　抜き加工ではせん断に必要な加工力以外に、曲げモーメントや側方力も働いている（図4.3）。曲げモーメントはクリアランスが大きくなるほど大きくなり、側方力は最大で抜き加工力の30％程度になると言われている。また、材料は刃先方向に引き込まれる力も働き、だれを形成する。

4.1.4　抜き加工で刃先に働く応力

　抜きパンチ・ダイの刃先には、図4.4に示すような応力が働く。この応力は抜き製品の加工ラインに見えるつぶれ面の部分に働く。通常のイメージでは、加工力は材料のせん断抵抗とほぼ同じと考えるが、実際はせん断抵抗の2～3倍の応力が圧力分布と示したところに働いている。

　この部分は、耐摩耗性とともに靱性が求められる。高い加圧力が働くことは加工熱の上昇もあり、刃先部分では200～300℃の温度上昇が瞬間的にある。金型の摩耗対策を考えるときには、熱による影響も考慮する。

4.1.5　抜き型の構造

　抜き加工に使われる金型構造は、図4.5に示す両端支持と片持ち支持に分けられる。加工に伴う材料の動きにより製品に与える影響を考慮して、構造は使い分けられている。抜き加工の不具合には、この構造選択を誤ったことに起因するこ

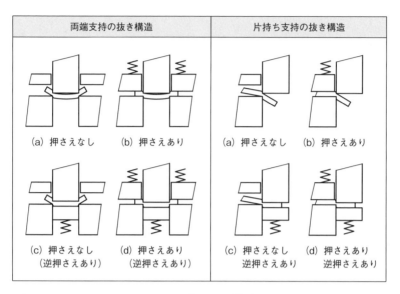

両端支持の抜き構造	片持ち支持の抜き構造
(a) 押さえなし　(b) 押さえあり	(a) 押さえなし　(b) 押さえあり
(c) 押さえなし 　（逆押さえあり）　(d) 押さえあり 　（逆押さえあり）	(c) 押さえなし 　逆押さえあり　(d) 押さえあり 　逆押さえあり

図4.5　抜き型の構造

ともあるため、抜き型の構造を理解しておくことは大切である。

4.2　バリ（かえり）

4.2.1　バリ発生の原因と対策

　抜き加工のバリ対策のためにはなぜバリが出るか、バリの発生するプロセスを十分理解しておくと、状況に応じた対策がとれるようになる。

　抜き加工は切削加工とは異なり、刃物で材料を削り取るのではなく、材料にせん断応力を発生させて破断する（割る）加工だと言える。パンチが材料に接触して抜きを完了する過程は、**図4.6**のような塑性変形期、せん断期、破断期の3段階に分けられる。バリは最後の破断期に生じるが、それをできるだけ少なくするには次の内容がポイントになる。

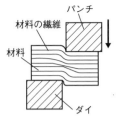
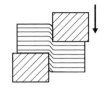
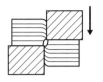

(a) 塑性変形（繊維の変形）　　(b) せん断（繊維の切断）　　(b) 割れの発生（繊維の破断）

図4.6　打抜きの3段階

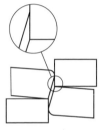
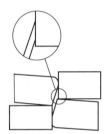
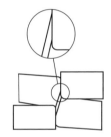

(a) 理想的な割れの発生位置　　(b) 実際の割れ発生位置　　(a) 刃先摩耗状態の割れ発生位置
　　（バリはゼロ）　　　　　　　　（微小なバリ）　　　　　　　（大きなバリ）

図4.7　割れ発生位置とバリの大きさ

(1) 破断の発生位置が刃先の角に近いこと

　パンチおよびダイから発生する割れ（クラック）が刃先部から発生すれば、バリは発生しない（**図4.7**(a)）。刃先部には圧縮応力が同時に生じており、このため割れが発生する位置はほんのわずか側面にずれる。これがバリの発生原因となる。

　このようなことから、バリをまったくなくすことはできない（図4.7(b)）。さらに、刃先が摩耗によって鋭角でなくなると、割れ発生位置は側面上方にずれる。割れは摩耗を生じていない点から発生し、これが大きなバリの出る最大の原因である（図4.7(c)）。

　したがって、バリ対策は刃先の摩耗対策と同じと言っていいほど、両者の関係は深い。まとめを**表4.1**に示す。

表4.1　バリ発生位置対策

考え方	対策の例
破断の発生位置を刃先の角に近づける（パンチ・ダイの刃先は鋭く、摩耗しにくくする）	○耐摩耗性の高い材料を用いて正しく熱処理する ○刃先の面粗さを細かくする ○摩耗が進み過ぎる前に刃先を再研削する ○刃先に微小Rをつけてチッピンクを防ぐ ○輪郭形状の角に丸みをつける（0.5t以上） ○刃の表面に耐摩耗性の高い被膜をつける ○動的精度の高いプレス機械を用いる

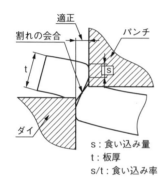

s：食い込み量
t：板厚
s/t：食い込み率

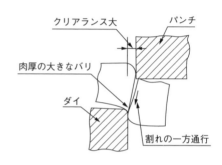

図4.8　適正クリアランスでの割れの会合　　図4.9　過大クリアランスでの割れ

(2) 破断はパンチとダイの両方から発生し、途中でずれないこと

　パンチが下降して材料に接触してからの、割れの発生するタイミングは、材料（材質および硬さ）によってほぼ決まっている（これを食い込み率と呼んでいる）。このとき、パンチとダイ両方より発生した割れが、うまく会合することが理想である（**図4.8**）。しかし、割れ発生の実際は刃先の状態によって異なり、鋭いほど速く、鈍化するに従って遅くなる。

　クリアランスが過大な場合や一方のだれが大きいと、片側からのみの割れで加工が終わってしまうことがある（**図4.9**）。このような場合のバリは一般に肉厚が厚く、その上発生の仕方が不安定である。まとめを**表4.2**に示す。

(3) 刃先の側面と材料との滑りを良くし、焼付きを起こさせない

　パンチとダイの側面には、材料との間で大きな摩擦力が生じる。しかも、刃先側面と接触するせん断面は新しく作られた面であり、焼付きを起こしやすい。材料面または刃先表面からの加工油の油膜も、強い摩擦力で切れやすくなる。この

表4.2　破断の出方の対策

考え方	対策の例
破断はパンチ・ダイの両方から発生し、途中でずれないこと（クリアランスの最適化）	○被加工材の材質や板厚、輪郭形状に合せたクリアランスを採用する ○精度や剛性の高い型構造とする ○カットオフの場合は側圧対策をする ○送り不良や加工ミスなどの防止 ○動的精度の高いプレス機械を用いる

表4.3　摩擦・焼付きからの摩耗対策

考え方	対策の例
パンチ・ダイ刃先の側面と材料との滑りを良くし、焼付きを起こさせない	○ダイの刃先長さを短くし、二番を確実に逃す ○切刃側面の面粗さを細かくする ○被加工材と親和性の低い型材を用いる ○耐焼付き性の高い被膜をつける ○打抜き用の工作油を用いる（潤滑と冷却） ○刃先部を冷却する ○動的精度の高いプレス機械を用いる

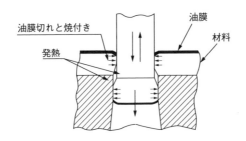

図4.10　材料との摩擦と発熱

状態でパンチおよびダイの側面を材料が滑るため、摩耗と焼付きを起こす（**図4.10**）。

　抜き時の塑性変形による発熱は刃先付近に蓄積され、パンチ・ダイの硬度を下げる。潤滑不足と発熱は、パンチ・ダイの側面摩耗を起こすだけでなく、溶着とその脱落によるチッピング、焼付きによりストリップ時に引きちぎられるということも起こす。特にパンチに対する影響は大きい。

　側面の摩耗と焼付きは、クリアランスが小さいほど発生しやすく、ダイの二番の逃がしが不十分な場合も発生しやすい。まとめを**表4.3**に示す。

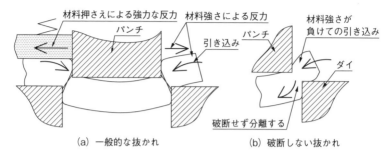

<table>
</table>

(a) 一般的な抜かれ　　　　　　(b) 破断しない抜かれ

図4.11　一般的な抜かれ状態と破断しない抜かれ

⑷ 刃先付近の材料に引張力が働くようにする

　通常の抜きでは、抜くときに材料はパンチとダイに押され、ダイ上の材料はパンチ側に引かれ、パンチ下の材料はダイ側に引かれてだれが作られる。

　この後、材料強度や材料押さえによって反力としての引張応力を生じ、これによって割れが発生する（**図4.11**(a)）。

　しかし、材料の強度不足（さん幅が狭いなど）や材料押さえが弱いと、反力としての引っ張りが負け、材料はクリアランス部分に流れ込み、破断せずちぎれる（**図4.11**(b)）。このような状態では、刃先の摩耗が著しいだけでなく、バリの原因となる。この対策としては、さん幅に該当する部分の抜き幅を拡げるか、材料が移動しないように材料押さえを強くすることが効果的である。まとめを**表4.4**に示す。

4.2.2　全周に出るバリ

　全周に出るバリは、初めからクリアランスが大き過ぎる場合のほかは、パンチまたはダイの定常摩耗によるものが多く、刃先を再研削することによって解決できる（**図4.12**）。

　バリの発生としては金型その他に異常がなく、バリの発生状況としては程度が良いと言える。ただし予定抜き数に比べて、著しく少ない数でバリが発生する場合は、次の点を検討するとよい。

⑴ バリと摩耗曲線

　抜き型の刃先を再研削したり、交換する主な理由はバリの大きさであり、このバリの大きさは刃先の摩耗程度にほぼ比例する。

表4.4　材料の引かれ対策

考え方	対策の例
刃先付近の材料に引張力が働くようにする	○さん幅を広くする ○固定ストリッパを可動ストリッパにする ○クリアランスをやや小さめにする ○鋭角に交差する切断、分断、その他の打抜きは避ける

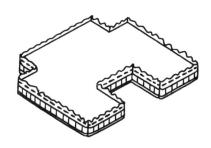

図4.12　全周に出るバリ

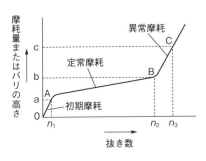

図4.13　摩耗曲線

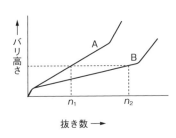

図4.14　システム能力による差

　図4.13は摩耗曲線である。保全されシャープな切刃状態からスタートしたときの、パンチ・ダイの刃先摩耗の推移を現している。摩耗は初期摩耗、定常摩耗、異常摩耗の段階に分けられる。

　図4.13から次のことがわかる。

①金型の能力に比べて、バリの限度（a）が厳しいＡ点の場合は、定常摩耗域を使えないため、再研削の間隔が短く（n_1）、常に再研削または修理を繰り返すことになる

②B点で再研削する場合は生産数が多く（n_2）、品質も安定しており（バリの高さ：b）、刃先の再研削量も少なくて済む

③バリが多少あってもよいということで、無理をして抜いたり、気がつかずにB点を過ぎると（C点）、少しの量を抜くだけで（n_3-n_2）摩耗およびバリは急速に大きくなり（c-b）、刃先の再研削量も異常に多くなるか交換が必要となる。再研削のタイミングとしては手遅れである

以上のことから、金型の保全（定期整備）としては、いかにn_2の生産数を見つけるかが勝負となる。また、バリの程度が厳しい場合は再研削を繰り返すのではなく、金型およびプレス機械を含むシステムのグレードアップを図る必要がある。それは、**図4.14**のAカーブの金型および加工システムを、Bカーブのように変えることである。

(2) 型材の性能を最大限引き出す

型材に求められるものは、耐摩耗性と衝撃に対する強さの靭性である。

①硬さと靭性

耐摩耗性は焼入れ硬さで、靭性は焼戻しで得られる。鋼材の硬さは炭素（C）の量によって決まるが、炭素以外の元素が添加されることによって材料特性は変化する。型材は製品の加工数などによって適した鋼材を選択使用されるが、適正な焼入れ・焼戻しが行われないと材料特性が発揮されない。**表4.5**に添加元素による特性の変化を、**表4.6**に型材と主要添加元素を示す。

②面粗さ

パンチ・ダイ面の状態によって材料との摩擦が変化し、適正な焼入れを施しても性能を十分に発揮しないことがある。**図4.15**はパンチ面と加工の関係を示したものである。(a)は研削目が横目で、加工条件が悪い。(b)は縦目で改善されているが、微小な凸部からの摩耗が進む。(c)はラッピングで平らにしたもので、微小凸部もなくなって摩耗の進行が押さえられ、鋼材の性能を最大限発揮する。

研削面で説明したが、ワイヤカット放電面についても同様である。この状態に不満があるときには、型材を上位のものに変更するか、表面の耐摩耗性を高めるコーティングを行う。

(3) 発熱対策

抜き加工での刃先部は加工の際、瞬間的に数百度まで加工熱で上昇して硬度の低下を招き、刃先の摩耗と焼付きを促進する。

表4.5　鋼材の添加元素と効果

元素	効果
C	硬さ、強さの増加（最も重要成分）
Mn	靱性・焼入れ性向上
Cr	耐摩耗性・耐食性・焼入れ性向上
Mo	焼入れ深度・高温時強度
W	耐摩耗性・高温時軟化抵抗の増大
V	耐摩耗性・靱性向上、結晶の微細化

表4.6　鋼材と主な添加元素

鋼材	主な添加元素
SK105	C
SKS3	C、Mn、Cr、W
SKD11	C、Mn、Cr、Mo、V
SKH51	C、Mn、Cr、Mo、V、W

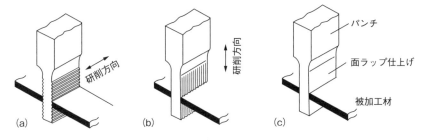

図4.15　工具面状態と摩耗の関係

　対策としては、冷却効果の高い抜き加工油を用いる、クリアランスを大きめにする、ダイのストレートランドを短くする、パンチおよびダイの切刃部の面粗さを良くするなどのほか、超硬合金の利用が効果的である。超硬合金は熱伝導性が良く、面粗さをよく仕上げることができるほか、摩耗が少ないため再研削量を少なくし、ストレートランドを小さくできる。

　高速加工で用いる順送り型の発熱状況は、スクラップをつかんでみればわかる。暖かければ要注意で、熱ければ危険な状態である。

⑷ 抜き角の丸みと工具寿命

　抜きの適正クリアランスは直線部や大きな円弧部分に対する条件で、角部の抜け状態は角部の丸みの大きさによって変化する。

　図4.16は、角の丸みの大きさと摩耗による寿命の関係を調べたものである。ピン角（角が鋭い）状態では摩耗が早く、丸みをつけることで直線部と同じような抜け状態になる。その変化点は、角の丸み（R）が0.25t付近にあることがわかる。一般的には、安全を見て0.5t以上が推奨されている。

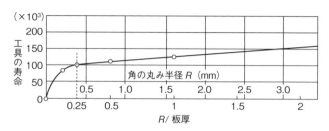

打抜き輪郭の角の丸み半径が工具寿命に及ぼす影響（日比野ら）
（製品のかえりの高さが 0.1mm になるまでの打抜き数をもって
工具寿命とする　材料：SPH 1.6t、クリアランス 6.3%）

図4.16　抜き角の丸みと工具寿命

⑸ 摩耗とクリアランスとダイ二番の逃がしの関係

　抜きのクリアランスが小さいと、せん断面が長くなって加工力は増加する（**図4.17**）。これは、パンチにとっては加工初期の衝撃を大きくし、材料との摩擦も大きくなるため摩耗の進行を早める。また、パンチは抜きを行った後、ダイ内に残った材料を押し下げることにも関わっている。

　ダイの刃先長さ（ストレートランド）が長いと、打抜き以上の負荷がパンチに働くことがある。パンチの摩耗対策としてクリアランスを大きくすることはよいが、実際には製品の要求が優先され、クリアランスは選定される。ダイの刃先の長さは任意に決められるため、できるだけ短くしてパンチへの負担を減らす（**図4.18**）。

⑹ プレス機械の精度

　プレス機械はJISで決められた静的精度とともに、動的精度（垂直方向および水平方向とも）が重要であり、これが悪いとパンチおよびダイの寿命を短くする。このため型寿命を延ばし、破損を防止するには、動的精度の高いプレス機械が不可欠である（**図4.19**）。

　ブレークスルー現象は抜き加工特有のもので、**図4.20**で説明すると、パンチが材料に接触して加工力の加圧が始まると、プレス機械は加工力の反力が働いて弾性変形する。破断が始まると、加工力は一気に解放される。弾性変形したプレス機械は弾かれたように元に戻るが、その際、減衰運動しながら徐々に正常な運動曲線に戻る。

　この急激な突っ込みと減衰運動が、パンチの動きとなるため材料とのこすれが

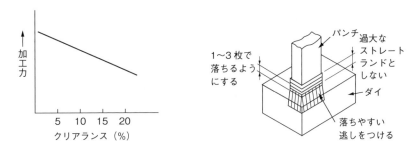

図4.17　クリアランスと加工力の関係　図4.18　ストレートランドと二番の逃がし

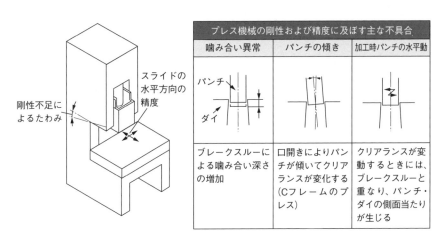

図4.19　プレス機械の剛性と動的精度の影響

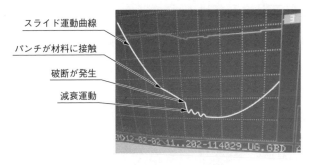

図4.20　ブレークスルー現象

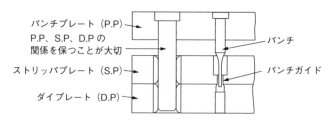

図4.21　ストリッパによるパンチガイドとインナガイド

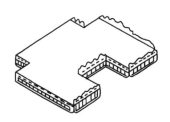

図4.22　左右で異なるバリ

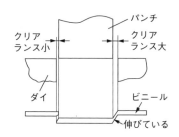

図4.23　クリアランスの片寄り

激しくなり、パンチの摩耗を早める。ブレークスルー現象はプレス機械の剛性が弱いほど大きくなる。

⑺ パンチガイドと金型の剛性

　ストリッパでのパンチのガイドと、ストリッパをガイドするインナガイドポストユニットの例を**図4.21**に示す。

　ガイドポスト・ブシュの隙間が大きいと、ガイドの役割が不完全であり、狭過ぎると油膜が切れて焼付きを起こしやすい。

4.2.3　左右で異なるバリ

　打ち抜いたブランクまたは穴のバリが左右で異なる場合は、次のような原因と対策が考えられる（**図4.22**）。

　①金型製作時のクリアランスの片寄り

　金型単体のクリアランスであり、静的な精度である。比較的小さなクリアランスの場合は、ビニールを抜いて確認することができる（**図4.23**）。

　②片側のみの打抜き

　順送り加工の加工スタート先端部、送りミスによる片側のみの抜きなどの場

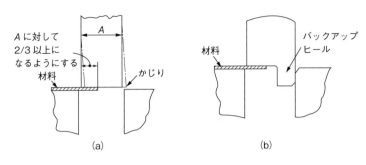

図4.24　側圧対策

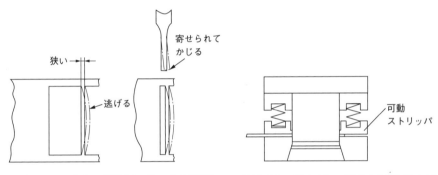

図4.25　さんの逃げとパンチの逃げ　　図4.26　ストリッパでの材料押さえ

合、パンチは側圧を受けて傾き、反対側のダイとかじりが生じることがある。この対策としては、順送り加工での材料スタート位置の関係への配慮（**図4.24 (a)**）、精度の高いストリッパガイドが有効であり、カットオフ（切欠き）の場合はバックアップヒールなどをつける（図4.24(b)）。

③抜き残り部が細い（さん幅が小さい）

　ブランク抜きのさん幅が小さい場合や細い幅の製品加工のとき、さんや細い残り部が逃げることにより、左右の抜き条件が変化することと、幅の狭いパンチの場合は横へ寄せられることが考えられる（**図4.25**）。対策として、さん幅を大きくすることが挙げられるが、これが困難な場合はパンチのストリッパガイドの精度を上げる。押さえ抜きとし、押さえ力を強くする（**図4.26**）。

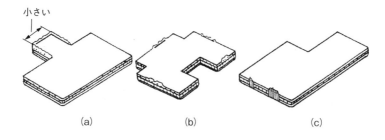

図4.27　部分的に大きなバリが出る

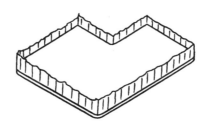

図4.28　壁のようなバリ

4.2.4　部分的に大きく出るバリ

　部分的に大きく出るバリの原因としては、金型部品加工の精度不良（部分的にクリアランスが合っていない）、小さな凸部の抜け状態が悪い（**図4.27**(a)）、小凸部は通常クリアランスより大きくしている、などがある。そのほか、ダイ下の平行ブロック（ゲタ）の入れ方が悪く、ダイが不規則なたわみ方をする。ダイに対するパンチのねじれ（取り付け不良）や、ダイの二番の逃がしが部分で違うなどが考えられる（図4.27(b)）。加工中の刃部の損傷（チッピングや砂などの噛み込みなど）（図4.27(c)）なども含めて、それぞれに応じた対策が必要である。

4.2.5　全周に壁のようなバリが出る

　ひどいバリの発生は、かす詰まりが原因であることが多い（**図4.28**）。パンチ（穴あけの場合はダイ）が異常摩耗および段摩耗をしている場合、焼付きを起こしている場合などにもこのようなバリが発生する。焼付きを起こしている場合は、刃先の再研削だけでなく、パンチまたはダイの側面をラップ仕上げすること

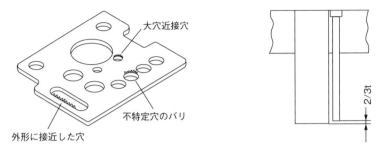

図4.29　多くの穴の一部にバリが出る　図4.30　大きな穴に接近した小穴のバリ

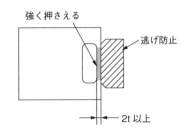

図4.31　外形に近接した穴のバリ対策

が大切である。軟質材の加工でクリアランスが大きいと、破断が起きずにむしられたように分離し、ちぎれた材料がクリアランス部に入り込み発生することもある。

4.2.6　多くの穴の中で限られた穴にバリが出る

　限られた穴にバリが出る原因と対策としては、次の事項が考えられる（**図4.29**）。大きな穴に接近した小さな穴の場合、大きな穴の加工の影響を受ける。この場合は、小さな穴のパンチを板厚の2/3程度短くするとよい（**図4.30**）。

　また、外形に接近した穴は、材料が曲げ変形を受けて逃げる。その影響でバリが発生する。この対策としては、残り幅を2t以上に拡げる、材料押さえを強くする、逃げ防止を行う（**図4.31**）、がある。外形抜きパンチ（穴抜きダイ）の強度の低下を承知の上で総抜き加工とするとよい。そのほか、次の対策もある。

　①パンチの位置および垂直度不良とクリアランスのアンバランス

　パンチが多くあると、その中の一部でパンチのクリアランスが合わないことがある。この対策としては、パンチの位置や垂直度の確認、入れ子式のダイにして

パンチとのクリアランス合せを容易にする。

②ダイの穴位置不良

ダイの穴位置不良としては熱処理によるひずみ、ワイヤ放電加工機とジグ研削盤などの組合せでダイを作る場合、段取り誤差によるずれなどが原因することがある。同一機械ですべての穴を加工するとよい。

4.2.7 コーナ部分のバリ

抜き加工で最もバリの発生しやすい部分が輪郭形状のコーナ部であり、同一条件でパンチとダイを作っても、直線部分や大きな円弧の部分に比べてバリの発生は速い。コーナ部分は抜き時に応力が集中し、他の部分に比べて2～3倍摩耗が速く進むため、この部分に三角形の大きなバリが生じる（図4.32）。

この対策としては、何といってもコーナ部にRをつけるのが最も有効で、最小でも0.5t以上の丸みをつけると見違えるようにバリは少なくなる。

コーナ部にRがつけられないときは、角部分のクリアランスを他の部分より大きくすることも有効である。コーナーにRがあるとまずい場合は、2工程に分けて抜くか穴の設計を再検討するとよい（図4.33）。

4.2.8 マッチング部にバリが出る

単工程加工でブランクの一部の切欠きや分断および順送り加工でのマッチング部は、その部分の形状と切り方によって現象が異なる。一般的な注意事項としては、ダイ上の材料幅が狭いと材料はパンチ方向に引かれて破断しにくく、バリが出やすい（図4.34）。基本事項として、この部分の板押さえを十分利かせることが重要である。

(1) 直線部分でのマッチングのバリ

順送り加工で、製品の直線部分につなぎ（ブリッジ）を取ったときに、発生するマッチングである。カットの仕方として、図4.35(a)のように外形線と同一線上でカットする（ゼロカット）と、ブリッジ部の両端にバリが発生してよくない。図4.35(b)のように、わずか製品に食い込ませてカットする方法は、食い込ませた部分全体にバリが出てさらに悪い。

図4.35(c)のように、製品外形より凸にカットするとよい。凸段差は抜きクリアランス以上とする。図4.35(d)は、製品外形に段差を作りたくないときに採用する

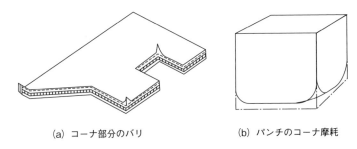

（a）コーナ部分のバリ　　　　　（b）パンチのコーナ摩耗

図4.32　コーナ部のバリとパンチ摩耗

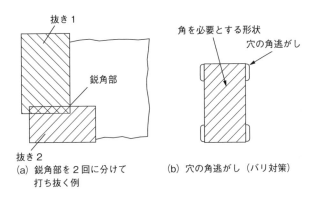

抜き1

鋭角部

抜き2
（a）鋭角部を2回に分けて
　　打ち抜く例

角を必要とする形状
穴の角逃がし

（b）穴の角逃がし（バリ対策）

図4.33　ピン角部の抜き加工対策

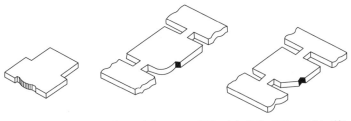

（a）直線マッチング部　　（b）R－直線マッチング部　　（c）角度－直線マッチング部

図4.34　マッチングバリの例

マッチング部の逃がしを、形状抜き時に作っておきカットするようにしたものである。逃がしの深さは板厚の1/2以上が望ましい。幅は板厚の2倍以上として円弧とすることで、抜きバリ対策も同時に行う。

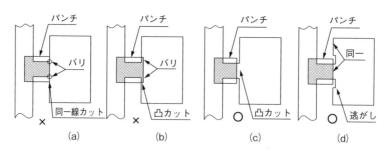

図4.35　直線部のマッチング

⑵ 角度部、R部のマッチングのバリ

　マッチング部に、**図4.36**のような角度θがあると、交点部分は抜き部の幅が板厚より小さくなり、ゼロに近づくにつれて材料押さえも働かなくなり、パンチ方向に引かれ、破断せずにちぎれてバリを作る。このため材料が逃げて破断せず、**図4.34**の⒝および⒞のようなバリが発生する。

　この対策としては、図4.36のXの長さを短くする、角度θをできるだけ大きくするなどが考えられ、また尖った材料先端に向かってクリアランスを減少させて、先端部分ではほぼ0にするとよい。90°以下の鋭角な場合は、**図4.37**⒜のように直角部を設けるとよい。

　Rで交わる場合も同様で、接触部が鋭くなるのを防ぐように考えるとよい（図4.37⒝）。

4.2.9　ときどき大きなバリが出る

　同じ金型を用いているにもかかわらず、ときどき大きなバリが出る原因としては次のようなことが考えられる。

　①製品やスクラップの排出不良などにより、ストリッパに傾きが生じる
　②パンチの固定が不完全でクリアランスが変化する
　③ストリップ力とストリッパばね力のバランスが悪く、ストリッパが傾く
　④ガイドポストとブシュのクリアランスが摩耗によって大きくなっている
　⑤パンチとストリッパが接触し、側圧を受けている
　⑥加工油の塗布が不安定で、ときどき焼付きに近い状況になる
　いずれにしろ加工が不安定なために発生しており、加工状態を徹底的に調べる

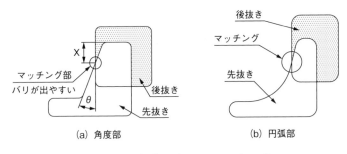

図4.36　角度で交わるマッチング

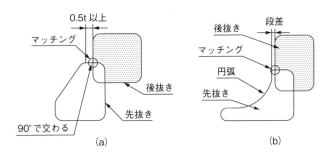

図4.37　直線部や段差での対策

ことが大切である。

4.2.10　段取りの都度バリの出方が変わる

　この原因は何らかの不安定さによるものであり、抜き時にパンチとダイの関係が変化する要因を調べ、その対策をとる必要がある。

　不安定要素としてはプレス機械の精度不良、金型不良、金型とスライド下面またはボルスタの間へのスクラップなどの付着、平行ブロック（ゲタ）の平行度不良、金型クランプ不良、シャンクの変形または取り付け不良による上型スライドの密着不完全などが考えられる。

4.2.11　刃先を再研削してもすぐにバリが出る

　この原因としては、パンチ・ダイの焼入れ硬さの不足による摩耗や、**図4.38**に示すような刃先の摩耗量が多くて再研削で取り切れない、抜き形状に対してク

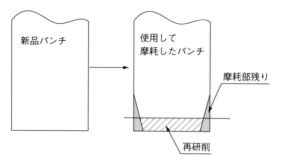

図4.38 再研削で摩耗が取り切れていない

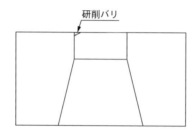

図4.39 再研削での研削バリ残り

リアランスがうまく合っていないためチッピングを起こしやすい、再研削時の研削バリが残っているため刃先がチッピングを起こしやすい、などが考えられる（**図4.39**）。

　対策としては焼入れの見直し、異常摩耗部を取り去る、刃先の平面部および側面部をラッピングする。刃先の研削バリを銅棒などで取ることは重要であり、再研削をした場合は必ずラッピングするとよい。

4.2.12　切断部分にバリが出る

　切断加工は片側のみの抜きとなるため、材料が逃げたり、斜めになったりして破断しにくい（**図4.40**(b)）。この対策としては、クリアランスを小さくして材料の板押さえをつけることが有効である（**図4.41**）。また、パンチが側圧を受けて逃げやすいため、バックアップヒールもしくはヒールブロックをつけるとよい（**図4.42**）。

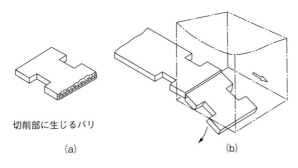

切削部に生じるバリ

(a)　　　　　　　　　　　　(b)

図4.40　切断部にバリが出る

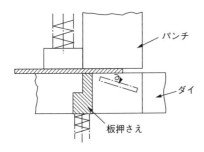

図4.41　切断加工の板押さえ

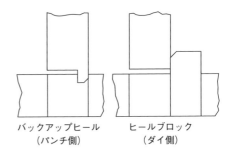

バックアップヒール　　ヒールブロック
（パンチ側）　　　　　（ダイ側）

図4.42　パンチの逃げ防止

4.3　寸法および形状不良

4.3.1　抜き寸法

　抜き寸法の製品と金型との関係を図4.43で説明する。図4.43(a)の金型構造で材料を加工したとき、ダイ上に残ったものが製品となる場合と、ダイを通過した材料が製品となる場合がある。

　ダイ上に残ったものが製品となるときは、パンチの形状と寸法が製品形状となる。図4.43(c)の穴抜き、切欠きが代表的な加工例である。穴抜きは全周を抜くので、パンチ形状がそのまま転写される。切欠きは解放部分があるため、パンチは側方力によって解放部分方向に逃げ、寸法変化することがある。側方力対策とし

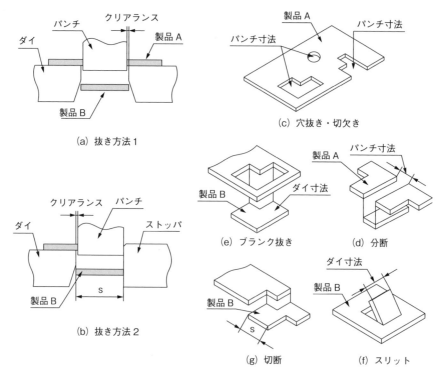

（a）抜き方法1

（c）穴抜き・切欠き

（b）抜き方法2

（e）ブランク抜き　　　（d）分断

（g）切断　　　　（f）スリット

図4.43　抜き方法と製品寸法の関係

て、パンチにバックアップヒールなどの逃げ対策が必要である。

　図4.43(d)の分断も製品はダイ上に残るので、分断幅はパンチ形状と寸法が対応する。分断の際にやはり側方力が働くが、製品となる材料側に働くため、材料の位置決めによって寸法変動が出る。分断左右の大きさが異なり、パンチ幅が狭いときにはパンチも影響を受けて寸法変動する。パンチ幅を広くするとともに、ストリッパでの材料押さえを強くすることも必要である。

　図4.43(e)はブランク抜きである。ダイを通過してきた材料が製品となる代表である。ダイの形状と寸法が製品と一致する。図4.43(f)のスリットは線で切り、一部がつながった形状である。切られた部分はダイに入り込むため、ダイの形状と寸法が転写される。ダイ上に残った材料はパンチ形状が転写されるので、製品としてはどちらの形状と寸法が欲しいのかによって寸法の決め方が変わる。

　図4.43(g)の切断は、材料幅を1本の線で切り通す加工で、抜き方法は図4.43(b)

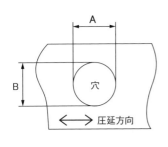
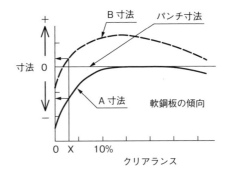

図4.44　材料の圧延方向と直角方向での寸法変化

の金型構造となる。抜き形状はパンチ形状が転写されるが、抜き寸法（s）はストッパ面とダイ面までの寸法となる。他の抜き形状と少し違うので注意する。

　抜き形状と寸法は、パンチ・ダイの形状寸法と一致すると説明してきたが、厳密にはクリアランスと圧延方向との関係で微妙に変化する。＋／-0.01というような公差を持った形状では影響を受ける。原因は、材料の弾性変形とクリアランスの影響である。

　図4.44で説明すると、抜かれた後の穴寸法は材料の圧延方向と直角の方向で変化する。その量はクリアランスの大きさで変動する傾向にあり、精度を必要とする製品では注意が必要である。この変動を緩和するための手段として、予備抜き→仕上げ抜きとして対応する方法がある。

4.3.2　外形と穴の関係位置が変化する

(1) 単工程加工の場合

　単工程加工では、板ガイドやピンガイドでブランクの位置決めを行う。ガイドとブランクの間には作業用の隙間は不可欠で、この隙間による変動は避けられない。

　位置決めはブランクの安定した面を選び、左右、前後および回転するずれが起きないように工夫する。ピンガイドは点接触となるため、回転する不具合が発生しやすく注意したい（図4.45）。あまりにも形状各部をシビアに押さえようとする位置決めを行うと、作業性が悪くなって、入れ損じによる加工ミスが起きやすくなることがある。ポイントとなる部分を押さえ、細かな部分は逃がすように工

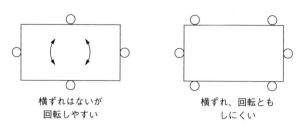

横ずれはないが
回転しやすい

横ずれ、回転とも
しにくい

図4.45　ピンによるブランク位置決め

夫するとよい。

　板ガイドはダウエルピンでダイとの関係を位置決めされるが、板ガイドは比較的薄いことが多く、ダウエルピンの位置決めが不安定になることがある。外形と穴のずれに方向性があるようなときには、ダウエルピンの位置決めを点検するとよい。

(2) 送り加工の場合

　送り加工ではパイロットを使って位置決めするが、パイロット穴とパイロットピンの間には隙間を持たせるため、この隙間（パイロット隙間）による誤差はなくせない。パイロット隙間の誤差は送り回数に比例して累積することがあり、外形形状を作ったステージと穴抜きステージが離れると誤差が大きくなることがある。関係精度を必要とするときには近いステージで加工する。

(3) 総抜き加工への移行

　総抜き加工は外形と穴を同時に加工するので、位置決めの誤差が発生しない。外形と穴の関係は金型精度となるため、バラツキもなくなる。外形と穴の関係を高精度に保つ方法としては、プレス加工では総抜き加工を超えるものはない。

4.3.3　穴のピッチが変化する

(1) 単工程加工の穴抜き

　複数工程で加工するとき、関係寸法を必要とする穴は金型精度で穴ピッチが決まるようにするため、同じ工程で加工する。関係寸法を必要とする穴を別工程で加工すると、位置決め誤差によってピッチ寸法の外れやバラツキが生じる（図4.46）。

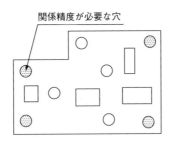

図4.46　関係寸法が必要な穴抜き

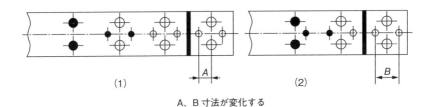

A、B寸法が変化する

図4.47　順送り加工での穴ピッチ変化例

(2) 順送り加工での穴抜き

　パイロットで位置決めをしても多少の送り誤差（ピッチ変動）があるため、関係寸法を必要とする穴を別ステージで加工すると、穴ピッチ寸法は変動する。やむを得ず別ステージとするときには、次のステージで加工できるようにする。ステージが離れると、累積誤差によってさらに穴ピッチの変動は大きくなる（**図4.47**）。

(3) ステージ内での変動

　1つの穴抜き金型、または順送り加工の1つのステージ内での変動は、パンチの保持に問題がある場合が多い。たとえば、パンチのストリッパガイドがされていないため動く、まれにクリアランスが合っていないためにパンチが寄せられ、穴ピッチが変化することがある。

4.3.4　順送り加工の外形寸法が変化する

　カットオフ形式（アウトカット）で外形形状を加工すると、**図4.48**に示すA寸法が変動する。原因は送り誤差で、分断するパンチ幅は変化しないことで、送

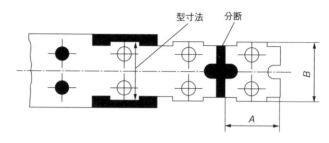

図4.48　順送り加工での形状寸法変化例

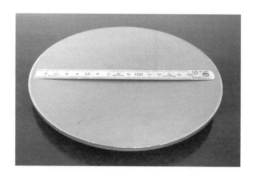

写真4.1　ブランク抜きのそり

り誤差の差分はA寸法に現れるためである。寸法精度を必要とするものについ
ては、B寸法のように金型寸法で決まるように加工するとよい。図4.48ではBの
加工を送り方向と直角の関係で示したが、送り方向であってもパンチ間寸法で形
状が決まる形が取れれば、変動なく加工できる。

4.3.5　ブランク抜きで反る

　ブランク抜きでブランクが反る原因は、抜きクリアランスがあることでパンチ
とダイ間での偶力により、材料に曲げモーメントが生じるためである（**写真
4.1**）。対策としては次の方法が有効である。

　①クリアランスを小さくする

　②可動ストリッパなどで材料を強く押さえる

　③ダイ内にパッドを設けて材料を押さえて、そりを押さえ込む

　④打抜き用工作油の量を少なくする

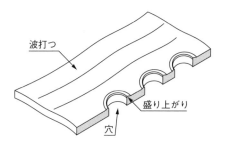

図4.49　穴抜きによる穴縁の盛り上がりと波打ち

　以上は、曲げモーメントに対する対策である。以下は材料の持つスプリング
バックによって、そりの復元（平らに戻ること）を助ける手段である。
　①抜き落としをやめて総抜き加工にする
　②ダイ切刃の刃先（ランド）部長さを短くし、二番を確実に逃す
　③ランド部に微小テーパをつけ、逆テーパを避ける

4.3.6　穴抜きで波打ち、穴縁の盛り上がりが出る

　穴抜きで反る場合は、材料押さえが弱いために、ブランク抜き同様の曲げモー
メントの影響によるそりと、パンチが材料から抜けるときのそりの両方が考えら
れる（**図4.49**）。対策としては可動ストリッパを採用し、材料をしっかり押さえ
ることである。入れ子式の金型構造を採用しているときには、入れ子の凹凸が影
響して反ることがある。この場合は、ストリッパでの材料押さえを強くしても反
る。
　穴の縁の盛り上がりは、軟質材の穴抜きの初期に圧縮応力が働いたことによる
材料の流れ出しが影響する、まれな現象である。軟質材に小さなクリアランスで
加工したときに起こる現象である。クリアランスを大きくすることで改善する。
　別の原因として、穴抜きパンチと材料の摩擦が大きいときに、パンチ引き抜き
の際に材料が引かれて盛り上がることもある。クリアランスが小さい、潤滑が悪
い、焼付きに近い状態にある、などが原因している。

4.3.7　細い抜き部の不具合（ねじれ、振れ、抜き幅など）

　板厚に近い細い製品の加工は難しく、断面のねじれや振れ、抜き幅の変化など
の問題が生じる（**図4.50**）。これらの対策は次のようなことが考えられる。

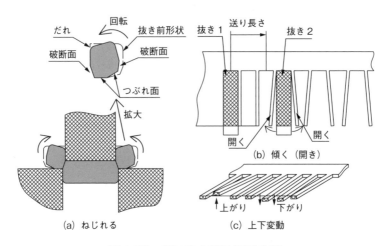

(a) ねじれる　　　(b) 傾く（開き）　　　(c) 上下変動

図4.50　細い抜き部の不具合例

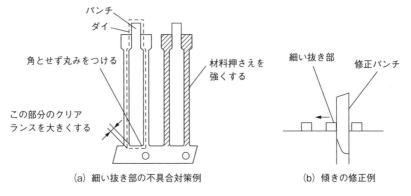

(a) 細い抜き部の不具合対策例　　　(b) 傾きの修正例

図4.51　細い抜き部の不具合対策

①パンチおよびダイの刃先はシャープなエッジとなっていること
②パンチの側面の面粗さが良いこと
③かす詰まりのないこと
④直線部はクリアランスを小さくする
⑤角部はクリアランスを大きくする
⑥ストリッパは厚さが十分あり、剛性が高いこと
⑦ストリッパの材料押さえは細い抜き部に十分働くこと　（**図4.51**(a)）
⑧予備抜き→仕上げ抜きとして応力の分散を図る

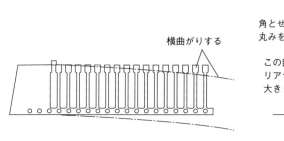

（a）連続打抜きでの横曲がりによる不具合　　　　　（b）横曲がりの不具合対策例

図4.52　横曲がり不具合と対策

⑨後のステージに修正工程を入れ、傾きを修正する（図4.51(b)）

4.3.8　順送り片キャリアでの横曲がり

順送り加工で片キャリアのレイアウトで加工すると、横曲がりを生じることがある（**図4.52**）。原因と対策は以下のようなものがある。

①キャリア強度が不足しているため、幅を広げるのが最も効果がある

②抜き時の側方力の影響

パンチ幅方向に働く側方力がわずかに材料を伸ばし、その累積で反る。対策としては、キャリア部のクリアランスを大きくするほか、キャリアに曲がり修正の打ち込みを入れる。

③材料のスリッターひずみの影響

材料の加工が進行してキャリア部分が残ると、スリッターひずみが解放されて出てくる現象である。この場合、横曲がりの他にねじれが出ることもある。対策としては、スリッターひずみ部分をサイドカットで除去する。

④製品形状が両側キャリアで可能であれば、この形とすることが理想

4.3.9　きず・打痕

きず・打痕は、その形状を見ることでかなりの予測が可能である。最も多い原因はバリが落ちて金型内に溜まり、きずや打痕をつけるものである。金型を無理して使い続けた結果であることが多い。以下にきず・打痕の形状からの原因と対

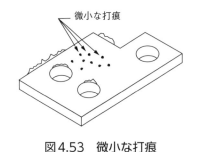

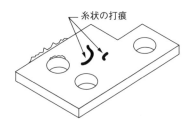

図4.53　微小な打痕　　　　　　　図4.54　糸状の打痕

策を示す。対策としては、バリ対策、マッチング対策およびかす浮き・かす詰まり対策などの項を参照し、対策を検討して欲しい。

(1) 微小な打痕がつく

抜きバリまたはマッチング部分のバリが落ちて金型内に溜まり、打痕をつける形が多い（**図4.53**）。使用した金型を開き、ダイ面とストリッパ面を観察して金属粉が溜まっているところがあれば、その部分が原因部位であることが多いため、パンチ・ダイの状態を点検することで不具合点を見つけ処置を取る。黄銅材やアルミニウムの抜きで、正常な条件内であるのに粉が出て打痕を作ることがあるが、パンチ側面のラップ仕上げや潤滑油での洗い流しをするとよい。

(2) 糸状の打痕

細い打痕要因の発生原因では、シェービングかすや順送り加工でサイドカットを採用しているとき、このストッパ部分で削られて発生するものやバリの落ちたものが型内でつぶされ、塊や棒状になったものなどが多い（**図4.54**）。順送り加工でのマッチングの取り方が悪く、送りの変化で削られて細い削りかすが出ることもある。この内容についても、使用後の金型を見ることで原因箇所を発見できることが多い。

(3) 当たりきず

図4.55(a)は、外部からの異物混入またはかす上がりによる穴抜きかすなどをはさんで加工したものである。また図4.55(b)は、ダイやストリッパの入れ子の凹凸によって傷つけられたものを示す。リフタガイドの押さえがまずいときに、ガイド隙間できずをつける場合や、リフタのスプリング圧が強過ぎて発生することもある。リフタの材料滑り面の角に、丸みづけされていないときにも起こる。材料と接触する金型部分に注意することである。

(a) 大きな打痕　　　　(b) 型当たりきず　　　　(c) ピン当たりきず

図4.55　当たりきず

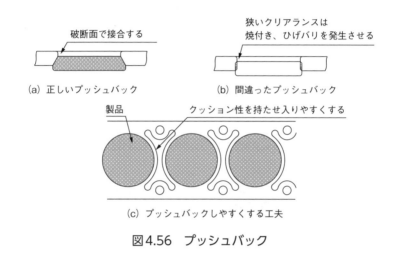

(a) 正しいプッシュバック　　　　(b) 間違ったプッシュバック

(c) プッシュバックしやすくする工夫

図4.56　プッシュバック

　図4.55(c)は、ピンガイドなどでブランクの位置決めを行うときに、ピンとの接触部分が凹んだものである。ブランクを傾けてガイド部分に入れたことなどで発生することが多く、ときどき発生するものである。

4.3.10　プッシュバックがうまく入らない

　プッシュバックをうまく入れるには、次の条件を満たす必要がある。

①クリアランスが適当であり、均一な状態で加工され、破断面の角度が安定していること（**図4.56**(a)）。狭いクリアランスで無理に押し込むと、ひげバリや焼付きの不具合を起こす（図4.56(b)）

②さんは細過ぎず、適当な強度を持っていること。適度なクッション性を持たせることもよい（図4.56(c)）

③ストリッパの面は平坦であり、押さえ力が十分にあること

④ノックアウトのクッション圧は、ブランクの大きさに対して適当であること。単位面積当たりのクッション圧が強過ぎると、ブランクがつぶされて大きくなり、このため入りにくくなる。もちろん弱過ぎてはうまく入らない。

⑤材料にそりがなく、途中ステージで材料に曲げ力が働かないこと。材料に巻き癖が残っている場合は、レベラでまっすぐにする

以上の対策をとっても、材料のバラツキや金型の摩耗、ばね圧力の変化などの不安定要素が残るため、根本的な対策としてはプッシュバックを避けるレイアウトが望ましい。また、完全に抜いたブランクを押し込むのではなく、ハーフブランク（途中まで抜いた状態で止めておき、後工程で分離する方法）や一部を切り離さずに微小量つないでおくミクロジョイント法がある。

4.4　抜き加工とせん断切り口面の形状

4.4.1　せん断切り口面の形状

抜き加工におけるせん断切り口面は、次の3つに分けて考える必要がある。

① 金型の寿命を優先し、数を多く抜きたい（せん断切り口面はあまり問題としない）

② バリの小さいことを優先し、とにかくバリの少ない製品を多量に抜きたい

③ せん断切り口面の出来栄えを優先し、特にせん断面の比率とその表面の状態を良くしたい

一般的にせん断切り口面は**図4.57**のようになり、これが自然な状態で、最も一般的な例である。比較的バリが小さく、金型の摩耗が少ないのはこのようなせん断切り口面の形状のときであり、クリアランスもこのような状態になることを適正クリアランスと呼んでいる。しかし製品の要求として、

① だれを少なくしたい

② せん断面の長さを長くし、破断面を少なくしたい

③ 破断面の傾きを少なくしたい（直角にしたい）

④ 寸法精度を向上させたい

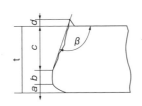

β：切り口の傾き　　c：破断面
a：だれ部　　　　　d：かえり
b：せん断面　　　　t：板厚

図4.57　せん断切り口面の形状

表4.7　切り口形状とクリアランスの大きさ

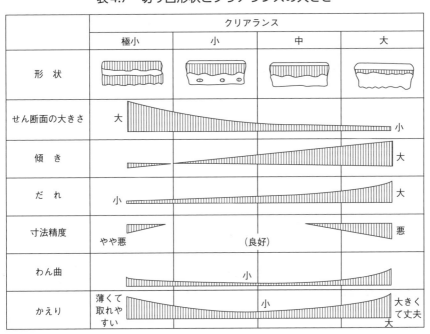

⑤製品のそり（わん曲）を小さくしたい

などという場合は、金型の寿命が短くなるのを承知の上でクリアランスを小さく
する（**表4.7**）。

製品の高精度化の要求には、一般にクリアランスが小さくなっている。せん断

切り口面の制約のため、故意にクリアランスを小さくして抜く場合は次の点に注意をする必要がある。

①輪郭形状のコーナ部は0.5t以上のRをつける

②パンチの側面の面粗さを良くし、ラップ仕上げをする（ラッピングをするか、研削を軸方向に行う）

③ダイは表面の変質層を取り、面仕上げを良くするとともに、刃先に微小なR（R0.05t程度）をつける

④ダイのストレートランド部を短くし、二番の逃がしを確実に逃す

⑤打抜き用の工作油を使用し、焼付きを防ぐ

⑥ストリッパは可動式とし、板押さえ圧力を高くする

また、被加工材の硬さが比較的硬い場合や、板厚が厚めの場合は二次せん断を生じ、ここから破断が進行したり、めっき不良の原因となったりするので注意が必要である。

4.4.2　良好なせん断面を得る方法

だれや破断面のない良好な切り口面を求める傾向は強い。代表的な手法としてシェービング加工がある。**図4.58**がシェービングの加工を示したものである。

破断面を削り取る加工で、1回に削り取れる量に限度があるため、厚板材の加工では数回の加工を必要とする。また、削りかすの処理が難しく、このかすによって製品にきずをつけることもあり、最近では利用が減少傾向にある。他の方法として、ファインブランキングや仕上げ抜きなどの手法もあるが、比較的簡易で効果のあるマイナスクリアランスを利用した抜き加工が増えている（**図4.59**）。

4.4.3　抜き形状による抜け状態の変化

同一クリアランスで加工したときの、抜き形状を示したものが**写真4.2**である。直線部を基準にして抜け状態を比較すると、次のことが言える。

①凹形状ではだれが小さく、せん断面は長くなっている

②凸形状ではだれは大きくなり、せん断面は短くなっている

同一の抜け状態を得るためには、抜き条件を凹形状部ではクリアランスを大きく、凸形状部分ではクリアランスを小さくする対応を取ることが求められる。し

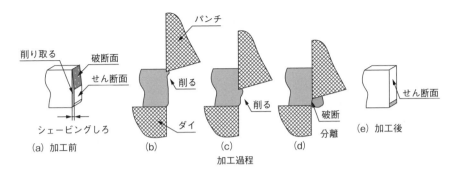

図4.58　シェービング加工

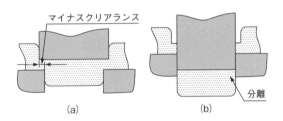

図4.59　マイナスクリアランスせん断

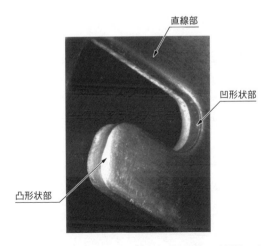

写真4.2　同一クリアランス抜きでの抜け状態の変化

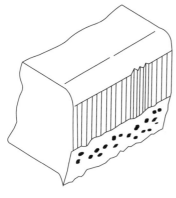

図4.60　せん断面の縦きず

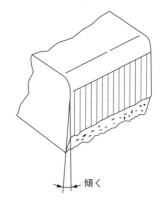

傾く

図4.61　せん断面が斜めになる

かし、この対応も凹凸形状の先端が細くなると限界があり、凸形状では2工程加工とする対応が必要になり、凹形状では加工の限界がある。

4.4.4　せん断面の不具合現象と対策

(1) せん断面に縦きずがつく

　せん断面に縦きずがつく原因として、外形抜きの場合はダイに、穴抜きの場合はパンチに原因がある（**図4.60**）。せん断面は、ダイまたはパンチの側面状態が転写されるので、全体に縦きずが入る場合は次の事項を検討する。

　①パンチとダイの側面仕上げを良くする（ワイヤ放電加工面や研削面の面粗さの改善）

　②パンチとダイの側面をラッピングする（よりせん断面をきれいにしたいときや、面に残る変質層が早く脱落して面を荒らすことが原因する場合の対策）

　また、部分的に縦きずが入る場合の原因と対策は、

　①ごみ、抜きかすなどの噛み込みによる刃先に損傷（→防塵やかす上がり対策を徹底）

　②刃先の微細な欠け：チッピング（→型材の靱性不足、焼入れの不具合〈焼入れ温度が高かった、焼戻しがまずい〉の見直し）

　③潤滑不足による焼付き

　④親和性による焼付き

などが考えられる。上記の対策を行っても縦きずが早く発生するときには、刃部

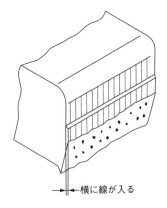

→ 横に線が入る

図4.62　せん断面に横線が入る

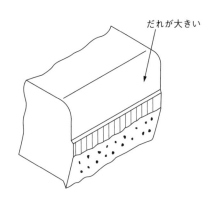

だれが大きい

図4.63　抜きだれが大きい

表面の耐摩耗性と耐焼付き性を考慮した表面硬化処理をするとよい。

(2) せん断切り口が斜めになる

　本来、垂直であるべきせん断面が斜めになるのは、材料または金型が逃げるためである（**図4.61**）。材料の逃げはストリッパでの押さえやバックアップを確実に行い、パンチの逃げにはバックアップヒールなどを用いるとよい。また、刃先が摩耗していると逃げやすいので、刃先は常にシャープに保つ。

(3) せん断面の途中に横線が入る

　せん断面の途中に、ショックラインのような横線が入る場合がある（**図4.62**）。順送り加工で一部をシェービングしたときにも、シェービング面に現れることがある。この原因はプレス機械のブレークスルーによるもので、横線の入る位置で他の部分が破断をしていることを示す。

　対策としてはクリアランスを均一に保つほか、動的精度の高いプレス機械の使用とガイドポストのしっかりした金型とすることが望ましく、せん断面の長いことを部分的に要求される場合は、他の部分もクリアランスを小さくするとよい。

(4) 抜きだれが大きい

　抜きだれが大きい原因としては、クリアランスが大きい、材料の板押さえが不完全、刃先のだれなどが考えられる（**図4.63**）。

　この対策は、だれの大きさの要求によって異なり、やや良くしたい程度であれば、上記項目の対策を行えばよい。しかし、だれの小さいものを指定された場合で、一般の抜き方法で困難な場合はシェービングや面押し（つぶし）などが必要

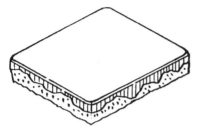

図4.64　せん断面が一様でない

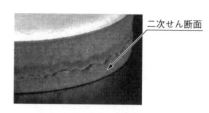

二次せん断面

写真4.3　二次せん断の発生

になる。

(5) せん断面が一様でない

せん断面が一様にならない原因はクリアランスの不均一か、凹凸が多い製品形状が影響しているかである（**図4.64**）。クリアランスの不均一の改善、または形状に合わせたクリアランスの選定をすることである。

(6) せん断面が2段になる

クリアランスを小さくし過ぎたときに発生する、二次せん断が現れたものである（**写真4.3**）。クリアランスを大きくすれば改善する。

4.5　かす浮き（かす上がり）

4.5.1　かす浮きのメカニズム

抜き加工の対策で、最も難しいものにかす浮き対策がある。かす浮きに万能で決定的な対策はなく、状況に合わせた対応が求められる。

抜いたブランク、または穴のスクラップが浮き上がると自動加工は困難であり、特に順送り型やトランスファ型、その他の自動化用金型では注意を要する。かす浮き対策を行うには、なぜかす浮きが起こるかというメカニズムの解明が欠かせない。

(1) 油による密着

加工油が多いと、パンチの投影面と抜きかすの面が油で密着し、パンチが上昇

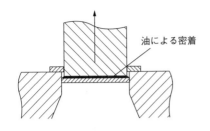

図4.65　油による密着

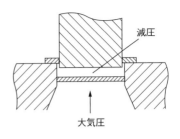

図4.66　吸引作用

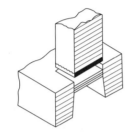

図4.67　圧接による密着

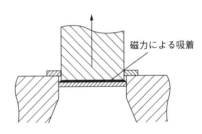

図4.68　磁力による吸着

するときに抜きかすを密着させたまま上昇する（**図4.65**）。

(2) 吸引作用

　抜き加工を終わり、ダイの中へ入っていたパンチが上昇するとき、密着していた材料とパンチの間に空間ができ、この部分が減圧してパンチに吸い上げられるように浮く（**図4.66**）。この現象では、抜きかすがダイ面と同一面で停まっていることが多く、抜きかすに触ると簡単に落ちるためわかりやすい。加工速度（spm）が高いほどよく現れる。

(3) 圧接

　パンチで抜くと、抜き部に近い接触面は高い圧力で押しつけられ、お互いの材料が密着して圧接状態となり、抜きかすとパンチは強固に密着する（**図4.67**）。

(4) 磁力による吸引

　パンチの刃先が磁力を帯び、パーマロイや鋼板などの磁性材の抜きかすを吸着する（**図4.68**）。

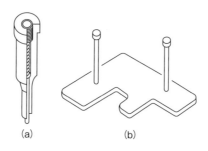

(a)　　　　　　　　(b)

図4.69　キッカピンによる対策

4.5.2　かす浮き対策

(1) 強制的に置いてくる

　キッカピンを使って、強制的に抜いたものをダイ内に置いてくることが、最も確実なかす浮き対策となる。円や角のシンプルな形状では重心を押す（**図4.69**(a)）。複雑形状では、複数のピンを使って水平を保つように押す（図4.69(b)）。

　キッカピンは、パンチと抜いた材料の密着を外してダイ内に置いてくればよいため、パンチ面より1〜2mm出ていれば十分である。細いキッカを純アルミのような軟質材に使うと、キッカが材料に刺さり、持ち上げることがあるため注意する。

(2) ダイとの摩擦力を強化する

　かす上がり対策として、最も種類の多い手段である。キッカピンが使えなくなった抜き形状への対応が多い。

　①クリアランスを小さくする

　丸形状の抜きは抜き条件が最も良く、クリアランスを小さくしても異常抜けとはならない。そこで、クリアランスを適正クリアランスより小さく設定し、スクラップのせん断面長さを長くしてダイとの摩擦力を高める。四角などのシンプルな形状では、直線部分のクリアランスを小さくし角部のクリアランスを大きくして、焼付き対策とのバランスを取りながら摩擦力を高める工夫もある。

　②パンチをダイに深く入れる

　抜いたものをダイ内に深く入れることで、ダイとの摩擦を高めるものである。パンチ・ダイの摩耗が大きくなるので、一時的に採用する手段である。

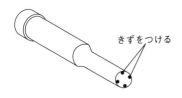

きずをつける

図4.70　パンチにきずをつける

面を粗くする

図4.71　ダイの面を粗くする

微小面取り

図4.72　ダイ切刃部に微小面を取る

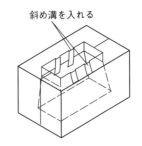

斜め溝を入れる

図4.73　ダイに斜め溝を入れる

③パンチ刃先にきずをつける

穴抜きパンチの刃先に、被加工材厚さの1/3程度の深さのきずを数カ所につける（**図4.70**）。きずをつけた部分のせん断面が大きくなり、ダイへの食い付きが強くなる。

④ダイ面を粗くする

ダイのストレートランド（平行部）の面を放電皮膜などで粗くして、摩擦力を高める（**図4.71**）。

⑤ダイ切刃全周に微小面を取る

ダイの切刃部の全周に、微小なＲまたは面取りを行う。狙いとしては破断のタイミングを遅らせて、せん断面を長くするのが目的である。

⑥ダイ切刃の部分に微小面を取る

ダイの切刃の直線部など長い部分に、部分的に点線イメージの微小面取りを行う（複数箇所）（**図4.72**）。部分的に切刃の抜け状態を変えることで、食い付きを強くする。

⑦ダイのストレートランド部に斜め溝を入れる

ダイ形状（斜め溝部が凸になる）に抜かれたスクラップがまっすぐに落ちるこ

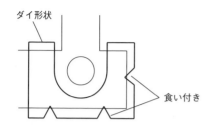

図4.74　強制的に食いつかせる

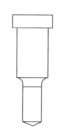

図4.75　パンチ先端を山形にする

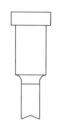

図4.76　パンチにシヤ角をつける

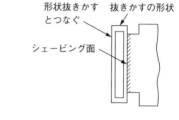

図4.77　シェービングかすを単独と
　　　　しない

とで、斜め溝を乗り越える形となり、ダイとの食い付きが強化される（**図4.73**）。

　⑧強制的に食いつかせる

　切欠きや分断などの抜きでは、抜きのない部分のダイに三角突起を作り、三角
突起部分にスクラップが強制的に食いつくようにして摩擦力を高める（**図4.74**）。

　⑨パンチ先端を山形にする

　パンチ先端を山形にして（鈍角で抜く形となる）、せん断面を長くしてダイと
の食い付きを良くする（**図4.75**）。

　⑩パンチのシヤ角をつける

　パンチにシヤ角をつけ、スプリングバック力でダイとの食い付きを良くする
（**図4.76**）。

　⑪ダイとの食い付きを良くする

　抜き形状を意識的に複雑にして、ダイとの食い付きを良くする。

　⑫シェービングかすを単独としない

　シェービングのような細いスクラップは単独のスクラップとせず、ほかの部品
とつなぐようにして処理する（**図4.77**）。

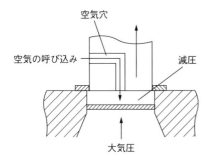

図4.78　空気呼び込み穴

図4.79　パンチ刃面の凹加工

(3) 着磁対策

パンチ再研削後の脱磁器による十分な脱磁を行う。

(4) 圧着対策

早め（異常摩耗域に達する前）にパンチの再研削を行う。

(5) 吸引対策

パンチの戻り工程で、ダイ内空間が減圧してスクラップを吸い上げる対策としては、外部からの空気の流れ込みがあればよい。パンチに空気穴を設け、パンチの戻り工程で外部から空気穴を通じ、空気を呼び込むようにする（図4.78）。

(6) 密着対策

材料への加工油の塗布はダイ側に多くし、パンチ側は少なくする。油によるパンチと材料との密着を低減するためである。また、パンチの底面を凹状に加工して被加工材との接触面積を減らす（図4.79）。

(7) ダイ内のスクラップ通過を速くしての対策

ダイ下より吸引する。吸引機などを用いて強制的に吸引する。また、ダイ穴に圧縮空気を流して吸引する。ダイ穴に斜め穴を加工し、その穴より圧縮空気を流すことで減圧して吸引する。吸引効果と圧縮空気による吹き飛ばしの両方が期待できる（図4.80）。

このほか、パンチ側より圧縮空気を吹き、ダイ内のスクラップを飛ばすことも考えられる（図4.81）。さらには、ダイのストレートランドを短くし、1枚ごとにスクラップを落とすようにする。

(8) シェービングのかす浮き防止

シェービングの切りかすは浮き上がりやすく、これが原因で自動化ができない

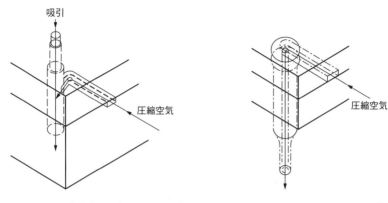

図4.80　圧縮空気を流しての吸引　　　図4.81　圧縮空気で飛ばす

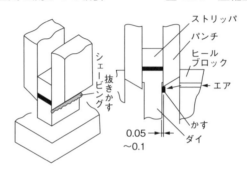

図4.82　シェービングかすの浮き上がり防止

ことも多い。とりあえずの改善策としてはダイに微小段差を作り、下死点でエア
を吹き込み、抜きかすをダイの微小段差下に押しつけて浮き上がりを防ぐ。次の
加工で段差に引っ掛かった抜きかすは押し下げられる（**図4.82**）。

4.6　かす詰まり

4.6.1　かす詰まりのメカニズム

　かす詰まりは、かす浮きに比べてはるかに対策は容易であるものの、金型が破
損してかす詰まりに気づくことが多い。パンチやダイの破損に至らなくても、か

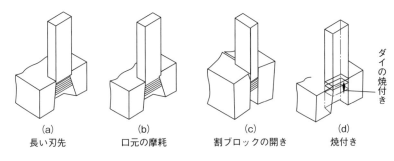

(a)	(b)	(c)	(d)
長い刃先	口元の摩耗	割ブロックの開き	焼付き

図4.83　ダイとの摩擦力の影響

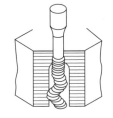

図4.84　抜きかすの傾き

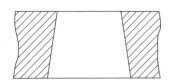

図4.86　抜きダイの理想形状

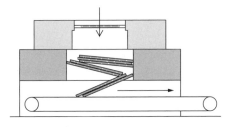

図4.85　斜め引っかかり

す詰まりのために金型の寿命を著しく短くしている例は非常に多い。

　かす詰まりは、大きく分けてダイの中とそれ以下のバッキングプレート、ダイホルダ、プレス機械のボルスタ部分で詰まる場合がある。

　ダイの中でのかす詰まりは主として、**図4.83**に示すように抜きかすやブランクが圧縮され起こるものと、**図4.84**に示すようにつながって落下する抜きかすが二番の部分で倒れて引っ掛かり詰まるものがある。ボルスタ上で抜きかすを回収するものでは、抜きかすが引っ掛かり詰まることもある（**図4.85**）。

　かす詰まり状態かどうかの判断は次のことでわかる。

①抜きかすのつながりが簡単にばらけない

②抜きかすをつかむと熱い

③パンチの破損が多い

④抜き音が通常時より高い

⑤破断面が少なく、せん断面が多い

⑥バリが大きい

⑦ダイが割れる

⑧抜きかすを叩いて落とそうとしても、ハンマがはずんでしまう

　理想的な抜き用ダイの刃先形状は、切削用刃物と同じようにストレートランドがなく、刃先から直接大きめの二番の逃がしがついているものがよい（**図4.86**）。

　しかしこれでは、刃先を再研削して使用するとダイ寸法が大きくなるため、再研削しろとしてストレートランドをつけている。再研削の回数を多くしようとしてストレートランドを長くすると、かす詰まりにより型の寿命が短くなり、さらに再研削回数を増やすという悪循環を繰り返すことになる。

　多量生産用の金型としては型寿命を長くし、再研削の回数を少なくすることに重点を置いて、ストレートランドは短めにして型材質を耐摩性の高いものに換えるべきである。

4.6.2　かす詰まり対策

　かす詰まり対策も、複数の対策が使えるときには採用して信頼性を高める。

(1) 焼付き対策

①ダイのストレートランドを短くする。ダイ内にスクラップが2〜3枚程度が留まっているような長さにする

②加工油で油膜を形成する。材料とダイ側面が直接接触することが焼付きの原因となるため、材料とダイ側面の面粗さを良くする

③ダイのストレートランド部の面粗さを良くして摩擦を低減する

④ダイの二番の逃がしを大きくして摩擦を低減する

⑤親和性を考慮した材質を選ぶ。パーマロイのようなニッケル系の合金とハイス鋼、銅系合金と超硬合金のコバルトなどの取り合わせのときは親和性が高く、焼付きを起こしやすいことが知られている

⑥刃先を早めに研削する。ダイ刃先が摩耗することで広がり、テーパ状になった状態で抜くことで、かすが詰まりやすくなる

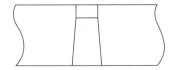

図4.87　テーパ逃がし

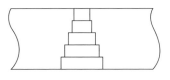

図4.88　段々逃がし

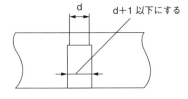

図4.89　逃がし穴径を小さく

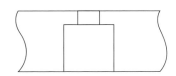

図4.90　逃がし穴径を大きく

(2) スクラップの傾き対策

①逃がし穴をテーパにする。ストレートランド下の逃がし穴を1〜2°のテーパ穴として、落下スクラップの姿勢が崩れないようにする（**図4.87**）

②逃がし穴を段々にする。逃がし穴をドリルで少しずつ大きくして段々状の穴とし、落下スクラップの姿勢の崩れを防止する（**図4.88**）

③テーパ逃がしと同じ目的で、逃がし穴を穴径＋1mm以下とする。穴径＋2〜3mmの逃がし穴が最もかす詰まりを起こしやすい（**図4.89**）

④逃がし穴を極端に大きくする。落下スクラップが、どのような姿勢となってもスクラップが引っ掛からない大きさとする（**図4.90**）

⑤逃がし穴をあまり長くしない。テーパや径を大きくしない逃がし穴でも、この部分が長過ぎると落下スクラップが傾いて引っ掛かり、詰まることがあるのであまり長くしないことである。たとえば径1mm、板厚0.5mm程度のスクラップにおいて、この部分の長さは15mm以下が望ましい（**図4.91**）

⑥スクラップの大きさを制限する。長いスクラップは逃がし穴やダイ下のスペーサ（ゲタ）で作られた空間に、斜めに引っ掛かって詰まりやすい

⑦ダイプレートとダイバッキングプレートにあけられたスクラップ通過穴が、芯ずれで段差ができ、その段差にスクラップが引っ掛かって詰まらないようにすることである（**図4.92**）

⑧割ブロックの開き防止対策をする。割ブロックでダイ形状を作っている構造では、抜きの側方力で割ブロックが開いて詰まることがある。そこで、「ワ

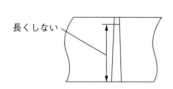

図4.91 逃がし穴を長くしない

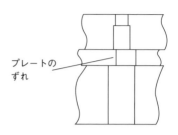

図4.92 貫通穴の芯ずれ

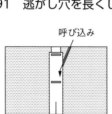

図4.93 呼び込み穴

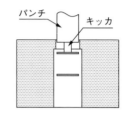

図4.94 キッカで落とす

イヤ放電加工で一体ブロックとする」「入れ子の圧入力を大きくする」「入れ子の数を少なくする」「入れ子の面積に対する高さを大きくする」というような対策が考えられる

⑨ダイ下のシュートに振動を与える。ダイ下のシュート上を滑らせてスクラップを回収する方法では、何らかの方法でシュートに振動を与え、シュート上のスクラップの停滞をなくす

⑩ダイ下のシュート上を圧縮空気で吹く。シュートに振動を与えるのと同じ目的である。間欠的に吹くと効果が大きい（ただし、笛吹き音に注意）

(3) ダイ内のスクラップの処理を速くする

①スクラップを、1枚ずつ落とせるようにして吸引する

②吸引を助けるため呼び込み穴をつける。ダイ下からの吸引に対して空気の流れを作ることで、効果を高める狙いがある。パンチまたはダイに空気呼び込み穴を設ける（**図4.93**）

③パンチにキッカピンをつけて確実に落とす。かす浮き対策では置いてくることが目的であったが、かす詰まり対策では確実に落とすことが目的のため、パンチ面よりキッカピンの出ている長さは長くする（**図4.94**）

第 **5** 章

曲げ加工のトラブル対策

5.1 曲げ加工の基本

5.1.1 曲げの原理とスプリングバック

図5.1を例に、曲げを説明する。2点で支持された材料に加圧すると、圧縮応力と引張応力が材料に働き、材料には加圧による力の方向と支持部からの反力によって曲げモーメントが作用する。

加圧がさらに進行すると、図5.2に示すように引張応力と圧縮応力によって変形を受けた材料は両応力によって塑性変形し、永久変形が残るようになる。この永久変形したものが曲げ形状である。

引張応力と圧縮応力は材料表面に近いほど大きく、中立面付近ではゼロとな

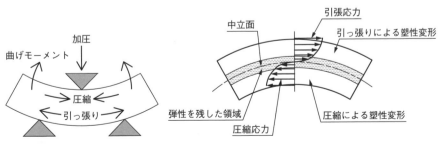

図5.1　曲げの原理　　　図5.2　曲げ加工での材料の動きと応力

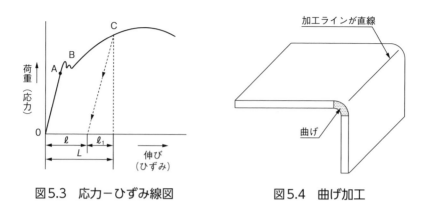

図5.3　応力－ひずみ線図　　　　図5.4　曲げ加工

る。このことは中立面をはさんだある領域に弾性力を残した材料が残り、加圧力を取り除くと弾性戻り（スプリングバック）が発生する。

　図5.3に、材料に引張応力を加えたときの荷重（力）と伸び、または応力とひずみの関係を示す。この図は鋼の場合の例であるが、他の材料もほぼ似たような関係となる。この図において0～A点までは弾性域と呼ばれ、荷重を除くと元に戻るが、これを弾性変形という。

　さらに大きな荷重を加え、降伏点と呼ばれるB点を過ぎると塑性域となり、その後の変形は塑性変形として残る。たとえば、C点では荷重がゼロになっても、元に戻らない。

　ただし、弾性変形の量だけは戻されるので、力を加えているときの形状とは一致しない。図5.3でLだけ伸ばされていたものがl_1だけ戻り、lの長さだけ伸びたまま（永久変形）となる。曲げを含む成形加工では、塑性変形による永久変形とスプリングバックが常に共存する。

5.1.2　曲げ加工と基本様式

(1) 曲げ加工

　曲げ加工は、曲げモーメントを利用して変形を起こし、立体形状を作る加工法で、加工ラインが直線でなければならない（**図5.4**）。加工ラインが曲線になると、曲げられた面（フランジと呼ぶ）に圧縮または引っ張りの力が作用して面にひずみが出る。

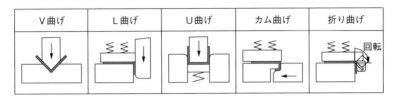

V曲げ	L曲げ	U曲げ	カム曲げ	折り曲げ

図5.5　曲げの加工様式

(2) 曲げ加工の様式

プレス加工での曲げ加工は金型を用いて成形するが、その加工様式の呼び方は曲げを板厚方向から見た形状で表すことが多い（**図5.5**）。V曲げは突き曲げ構造を表し、L曲げは押さえ曲げ構造を表している。U曲げは、逆押さえを用いて加工する構造を表している（逆押さえを使わない曲げもあるが利用は少ない）。

加工の基本は上下方向からであるが、製品の形状によっては横から加工することもある。上下運動を横の動きに変換する機構はいろいろあり、使われているが、カム曲げと総称される。きずをつけたくないときの加工法として、パンチに相当する部分を回転させて加工する折り曲げ（折りたたみ曲げ）という方法もある。

5.1.3　曲げ加工の詳細

(1) V曲げ

V曲げは、V形状のパンチとダイで材料をはさみ曲げる。曲げ過程は、**図5.6**のように曲げ部だけが変形し、直線部はそのまま折り曲がるように考えられがちだが、実際のV曲げの曲げ過程は**図5.7**のようになる。

①は板全体が大きく反る。②ではパンチ先端の曲がりが他より進行しながら、わん曲をすぼめるようにダイ内に進む。③で材料のそりはパンチ先端、ダイ面およびパンチ肩にわん曲が接する。④さらにパンチが下降すると、材料のわん曲は反転する。⑤のパンチが材料を板厚分の隙間で押さえて、V曲げは完了する。

V曲げ型には明確なクリアランスはなく、パンチのストローク調整で変化する。パンチのストロークを下げれば、板厚をつぶすことも可能となる。

(2) L曲げ

L曲げは押さえ曲げとも呼ばれる。**図5.8**で説明すると、ブランクはダイと材料押さえで、押さえられた状態で曲げられる。V曲げのような曲げ過程でのフラ

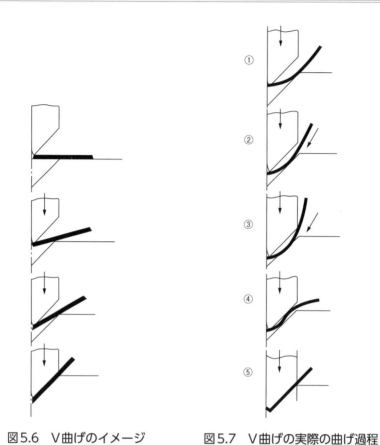

図5.6　V曲げのイメージ

図5.7　V曲げの実際の曲げ過程

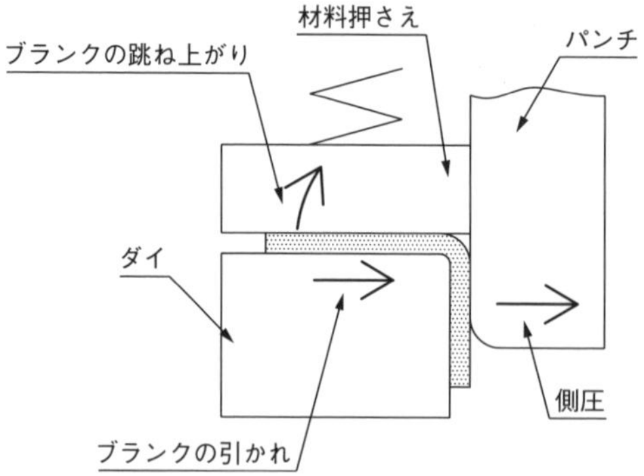

図5.8　L曲げ

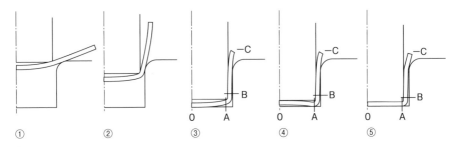

図5.9　U曲げの曲げ過程

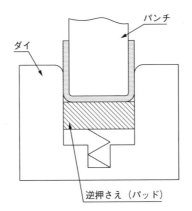

図5.10　パッド付きU曲げ構造

ンジがわん曲は少なく、ほとんど無視される。

　パンチが材料に当たると、ダイ上のブランクには跳ね上げ力が働き、パンチが下降して材料を曲げるとき、ダイ上のブランクをパンチ方向に引く力が働く。パンチとダイ間は板厚分のクリアランスが設定される。

(3) U曲げ

　U曲げはL曲げが両側にあるが、曲げ過程は多少異なる。**図5.9**で説明すると、①はパンチが材料に当たった直後で、ブランクはパンチとダイの肩によって全体がわん曲する。②は、パンチとダイがわずかに噛み合った状態で曲げ変形を起こすが、パンチ下およびフランジ部の材料はわん曲を残す。

　③は曲げの工程が進み、パンチ下の材料凸頂部がダイの低部に接した状態を示している。このとき、フランジのわん曲は反転している。この反転によるそりは、一般的には小さいため無視されることが多い。

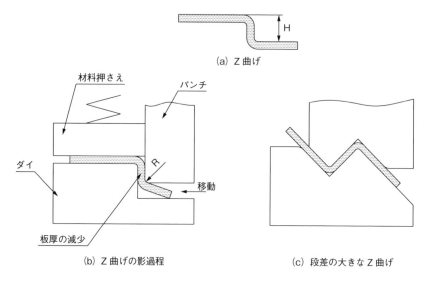

(a) Z曲げ

材料押さえ

パンチ

ダイ

R

移動

板厚の減少

(b) Z曲げの影過程

(c) 段差の大きなZ曲げ

図5.11　Z曲げ加工

④は工程がさらに進むと、ダイ側に凸であったパンチ下の材料は反転する。この現象は板厚に対して曲げ幅が広いときのもので、板厚に対して曲げ幅が狭いと反転は起きない。⑤は、パンチとダイによってパンチ下材料が底突きされた状態を示している。

多くのU曲げは、**図5.10**に示すパッド付き曲げ型構造が使われている。この構造のパッドはパンチ下材料のわん曲を押さえるのと、ダイ内に入った製品の排出が目的である。

(4) Z曲げ

図5.11で説明すると、図5.11(a)でH寸法が板厚の3～4倍のときは、図5.11(b)で示すように2カ所の曲げを同時に加工することが多くなる。ただしRが小さいと、たて壁部分が削られて板厚減少を起こす。H寸法が大きくなると、一般的にはL曲げ2工程加工か、図5.11(c)のようなV曲げとすることが多くなる。この両加工方法も、H寸法が小さくなると加工が難しくなるため、図5.11(b)に示す構造で加工しなければならなくなるとも考えられる。

(5) 切曲げ

切曲げ加工は、せん断加工の切込みと曲げを同時に行うものであるが、加工に無理があって曲げ部に割れが出やすい。パンチ先端が鋭角なため、パンチの摩耗

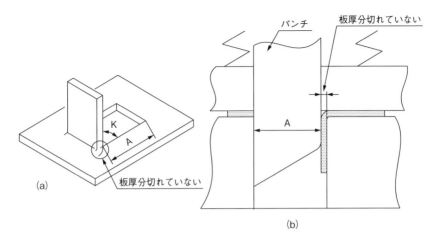

図5.12　切曲げ

も早い。

　図5.12で説明すると、図5.12(a)は切曲げ形状を示しているが、切込みで切っている長さはＡの長さで、曲げ部分は切られておらず、無理に曲げを行っている。切曲げの採用は、Ｋの角度が小さい形状に適用するようにしたい。図5.12(b)の金型構造から、その様子を理解してほしい。

5.2　曲げ部の割れ

5.2.1　圧延方向（繊維方向）と割れ

　同じ材料を同じ金型で曲げても、材料の圧延方向との関係で割れの状況が変わる。最も割れにくいのは、**図5.13**(a)に示すように圧延方向と曲げ線が直角になっているときであり、図5.13(b)のような圧延方向と曲げ線が平行になるときが最も弱い。

　材料との圧延方向の影響は材質によって異なり、ばねに使用するリン青銅などは非常にはっきり現れる。一般の鋼板（SPCCなど）は、比較的影響が少ないためあまり意識せず、レイアウトの容易さや材料歩留りを優先した方がよい。

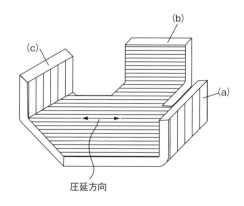

図5.13　圧延方向と曲げの関係

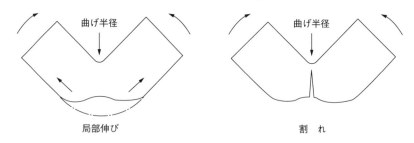

図5.14　曲げ半径小による局部伸びと割れ

5.2.2　曲げ半径の限界

　材料が耐えられる以上の力で引っ張ると、弱い部分が局部的に大きく伸び、そこから破断する。これと同じ現象が曲げ部の表面で生じると、割れが発生する。曲げの外側の表面に生じる引張応力が、材料の耐えられる限界を超えると局部的に薄くなり、ついには破断する（**図5.14**）。

　曲げ部の引張応力は、板厚に対し曲げ半径（内側の半径）が小さいほど大きくなる。著しい局部伸びや、割れが生じないで曲げることのできる内側の半径を最小曲げ半径と呼び、この値は材質および板厚や曲げ線と圧延方向との関係によっても異なる。一般にもろい材料や硬い材料は割れやすく、最小曲げ半径は大きくなる。

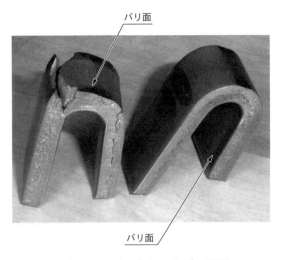

写真5.1　バリ方向と曲げの関係

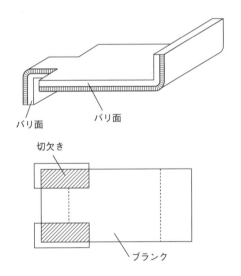

図5.15　上下曲げとバリ方向の関係

5.2.3　バリ方向と割れ

　曲げ部分のバリ方向は、割れに大きく影響する。伸びと面粗さの関係は、面が
きれいなほどよく伸びに追従する。バリ面近傍は、破断面で面は粗いため伸び限

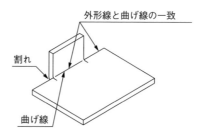

図5.16　曲げ線と外形線の一致

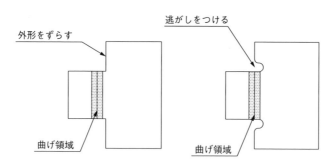

図5.17　曲げ線と外形の一致対策

界が小さくなり、割れやすくなる。伸びの大きな側に面粗さの良いせん断面側を持ってくることで、伸び限界が向上して割れにくくなる。曲げのバリ方向と板厚の関係も強く、厚板の曲げでは顕著に現れる。熱間圧延鋼板などでは、その差がはっきり現れる。割れにくいのはバリを内側に、だれを外側にしたときである（**写真5.1**）。

　バリ方向を内側になるよう部品設計と加工工程を考えるのがよく、上下方向に曲げがある場合はバリ方向を変えて抜くことを考えるとよい（**図5.15**）。

5.2.4　曲げ線と外形の一致による割れ

　図5.16のように曲げ線と外形の線が一致したものや、曲げ線が外形線より内側に入るような形状では、曲げに必要な領域が外形形状によって拘束されるため、外形と曲げの交点部分に割れが発生しやすい。対策としては、曲げ線と外形に差をつけることや、逃がしを設けて曲げと外形線との干渉をなくすことである（**図5.17**）。

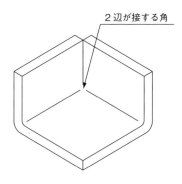

図5.18　2辺が接する角

写真5.2　2辺が接する角逃がし

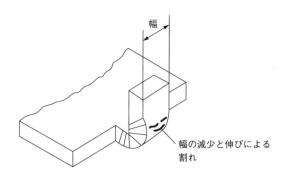

図5.19　狭い幅の曲げ

5.2.5　2辺の曲げが接する角部の割れ

　図5.18に示すように、2辺が接する角は交点部分の材料が両方の曲げに引かれるため、材料の伸び限界を超えて割れが発生しやすい。両方の曲げの干渉をなくすように、角部に逃がしをつけるとよい（**写真5.2**）。

5.2.6　狭い幅の曲げ

　曲げ幅が狭くなると、曲げによって板厚方向の変形と幅方向の変形を同時に受ける。このことによって曲げ部は弱くなり、ときには割れが発生する。曲げ幅が板厚の8倍以下になると、この現象は出やすい（**図5.19**）。

5.3　曲げ角度の不良

曲げ角度の不具合は、角度が開くものをスプリングバックと理解している傾向にあるが、角度が閉じる不具合もスプリングバックである。開く不具合と区別するために、閉じる不具合をスプリングゴーと呼ぶことがある（現場用語）。

角度不具合の原因は次の3つがある。

①金型の構造や条件設定に起因するもの

②板厚・製品形状に起因するもの

③材料にかかる加工応力に起因するもの

5.3.1　V曲げで角度が変動する

V曲げ型は、ダイとパンチの肩幅を板厚の8倍を標準とする（**図5.20**）。V曲げ型には、クリアランスの設定はなくストローク調整で設定するので、調整具合によって曲げ角度は変動する。正しく調整された場合に、曲げ内部の応力バランスによってスプリングバックが発生する。この際の対策としては**図5.21**の方法が一般的である。

図5.21(a)は、パンチ・ダイの角度を同形状に作り、ストローク調整で加圧して調整するものである。図5.21(b)は、パンチの角度をスプリングバック量を読んで小さく作り、パンチ先端で加圧しながらオーバベンドするものである。図5.21(c)は、曲げ部を集中的に加圧して対策するものである。どの方法も、突き過ぎるとスプリングゴーとなる。

5.3.2　長尺のV・U曲げでのスプリングバック

ダイの溝幅は板厚の8倍を標準とし、パンチの幅はこれに等しくすることが基本である（図5.20）。

長尺ものの曲げ角度が、端部と中央部で異なる場合が多い（**図5.22**(a)）。この原因としては、両端と中央部のスプリングバックの違いに原因がある。この対策としては、パンチをいくつかに分けて左右と中央のスプリングバック対策を変え、バランスをとる（図5.22(b)）。

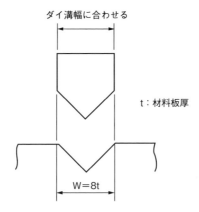

ダイ溝幅に合わせる

t：材料板厚

W＝8t

図5.20　Ｖ曲げ型のダイ・パンチ寸法の基本

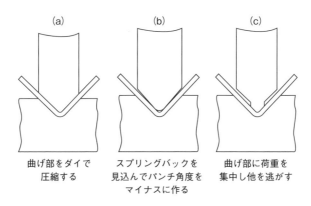

(a)　　　　　　　(b)　　　　　　　(c)

曲げ部をダイで　　スプリングバックを　曲げ部に荷重を
圧縮する　　　　　見込んでパンチ角度を　集中し他を逃がす
　　　　　　　　マイナスに作る

図5.21　Ｖ曲げのスプリングバック対策

　曲げ線のそりが凸（図と逆）となる場合は、プレス機械または金型の剛性不足である。下型のダイホルダを厚くして剛性を高め、必ず下型の加圧部の下で圧力を受ける。左右と中央がバラバラの状態では、金型の上型と下型の平行度不良、加圧力のバランスが中心と端部で異なる、スペーサ（ゲタ）の使用不適当などが考えられる。ダイとダイホルダの間に薄いシムを入れてバランスをとる。

　曲げ角度の精度を向上するには、加圧力だけでなく、押さえつける時間が必要になる。油圧プレスやサーボプレスでの加圧力の保持が効果的であり、spmを上げると角度の変化が大きくなる。

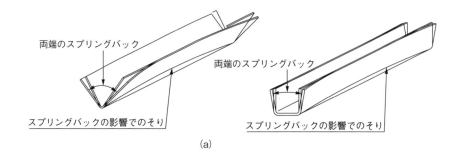

両端のスプリングバック

両端のスプリングバック

スプリングバックの影響でのそり

スプリングバックの影響でのそり

(a)

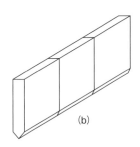

(b)

図5.22　長尺物のスプリングバック

5.3.3　L・U曲げのスプリングバック対策

⑴基本条件の不具合

　図5.23は、L・U曲げの条件設定を示している。この条件が適正でないと、曲げ角度の変動が起こる。曲げ製品の材料板厚は公差内で変動が予想されるが、通常の金型ではクリアランスは一定であるため、曲げ角度に影響が出る。

⑵1工程でのスプリングバック対策

　図5.24に示したものが多く使われているスプリングバック対策である。図5.24(a)U曲げ加工での対策で、ウエッブ部分のそりを底突きすることで平らにし、その影響を曲げ部に与えて対策するものである。また図5.24(b)はクリアランスを5〜10%ほど小さくして、巻き込むように曲げてオーバベンドとして対策する。板厚が安定していることが条件となる。

　図5.24(c)は曲げ内側に打ち込みを入れて対策する。L曲げへの使用は、押さえ力に影響が出るため使用には注意する。また図5.24(d)は曲げ外側を圧縮して対策する。外R圧縮に使う円弧は、加工した製品のRを形状測定機で求めるのが最も

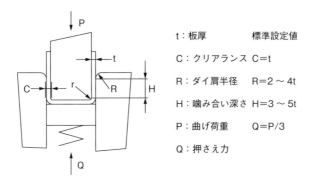

t：板厚	標準設定値
C：クリアランス	C=t
R：ダイ肩半径	R=2～4t
H：噛み合い深さ	H=3～5t
P：曲げ荷重	Q=P/3
Q：押さえ力	

図5.23　L・U曲げの条件設定

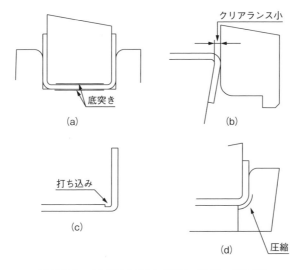

図5.24　1工程でのスプリングバック対策

正確であるが、測定機の使用が難しい場合の圧縮に使う外Rの求め方は、曲げに伴い曲げ部の板厚は減少するが、最大の板厚減少位置を90°曲げの場合、45°位置として曲げの2辺とこの点を通る円弧を求め、外R圧縮に使う円弧とする。

　よく使われているのは、板厚減少率を15～20％程度と想定して計算する方法である。想定値で加工した結果を補正して、より正確な板厚減少率をつかむとよい。

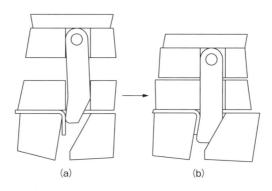

(a)   (b)

図5.25　スイング曲げ法

(3) スイング曲げでの対策

　図5.25に示すような構造での加工である。パンチが支点で支持され、曲げ時に回転してオーバベンドする。図5.25(a)はパンチ先端とダイ先端が板厚分のクリアランスで曲げる。図5.25(b)は曲げが進行すると、パンチ背面の斜面とダイの斜面が接し、パンチは斜面で押され、支点を軸に回転してオーバベンドする。構造は複雑となるが、加工は安定する。

(4) 2工程でのスプリングバック対策

　図5.26(a)は、巻き込み曲げのオーバベンドである。1曲げは、製品曲げ半径（R1）より大きく曲げる。これにより製品円弧より長い円弧ができる。2曲げで、製品曲げ半径（R）で曲げると円弧長長さの差分が巻き込まれ、オーバベンドとなる。

　図5.26(b)は、外R圧縮を2工程に分けて加工するようにしたものである。曲げ半径が大きくなる（2t以上）と、1工程の外R圧縮では圧縮がうまく働かない部分ができ、角度修正ができなくなることを改善した方法である。

(5) 曲げ後の修正

　基本条件で加工して開いた状態の形状を、追加工程で修正して曲げ角度を整える方法である。図5.27に示すようなカムを使う方法と、開いた曲げ形状を斜面滑らせて閉じる方法の採用が多い。

5.3.4　曲げ角度が閉じる

　L・U曲げで内側に閉じる原因としては、

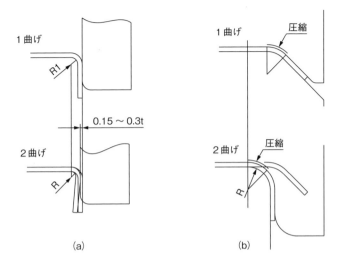

図5.26 2工程でのスプリングバック対策

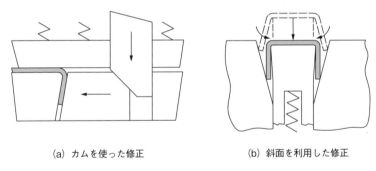

(a) カムを使った修正　　　(b) 斜面を利用した修正

図5.27 開いた角度の修正

①クッションパッド（ノックアウト）の圧力が弱い。またはクッションパッドの位置がダイ表面より下がっている。U曲げで曲げ幅が広い製品加工では、曲げ初期はパンチ下の材料（ウエッブ部）は凸形状となるが、下死点近くで反転して凹形状となる。この状態で加工が完了すると曲げは閉じる

②板厚が厚く、しごきが加えられている

③底突き時にコーナ部の面押しが強い

④クリアランスが小さい

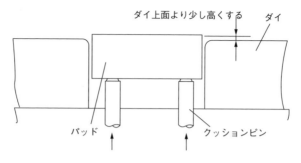

図5.28　クッションパッドの面位置

などが考えられる。対策としては

①板厚の規格を厳しくするか層別管理を行い、クリアランスをやや大きめにする

②クッションパットの位置をダイ上面よりやや高くし、クッション圧を強くする（**図5.28**）

③パンチとダイの噛み合いを浅くする

④パンチのコーナR（曲げ半径）を大きくする

⑤ダイ肩半径を大きくする

などが有効であり、そのほか上記の原因を調べて対策を講じる。

5.3.5　角度のバラツキがあり安定しない

図5.29に示すように角度が一定せず、バラツキが大きい原因と対策を次に示す。

①左右のクリアランスが違う

②パンチ下面とクッションパッドの平行が出ていない

③ダイRの形状、大きさ、面粗さが悪く、曲げ立ち上がりのバランス不良

④プレス機械の水平方向の精度不良によるクリアランスの変化

⑤対策としては、パンチ下面とクッションパッドの平行をしっかり出す

⑥**図5.30**に示すように、パンチ（ダイ側でもよい）にクリアランス分の段差をつけ、段差をつけた広い部分にヒールを作り、先行してダイに入れてクリアランスを安定させる

⑦精度の良いプレス機械に変える

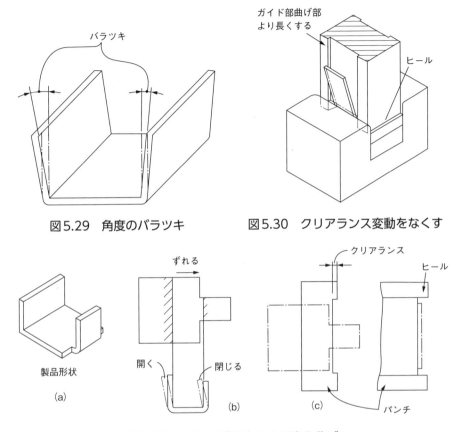

図5.29　角度のバラツキ

図5.30　クリアランス変動をなくす

図5.31　フランジの大きさの違う曲げ

5.3.6　フランジ幅の異なる製品の角度不良

　図5.31の(a)のような製品では、大きなフランジ側から小さなフランジ方向に
パンチが寄せられてクリアランスが変化している。すなわち、曲げ線の長さが長
い方は開き、短い方は閉じる（図5.31(b)）。この対策としてはパンチにガイド部
を設定し、寄りを防ぐとよい（図5.31(c)）。

5.3.7　フランジが平行でない製品の角度が開く

　図5.32のような製品の場合、曲げ加工中に逃げや角度不良および底面のそり
が生じる（**図**5.33(a)）。この対策として、次のような方法がある。

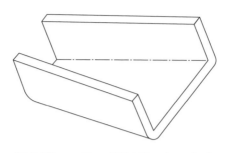

図5.32　フランジが平行でない曲げ

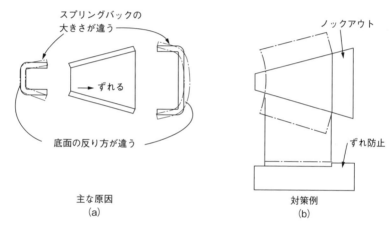

主な原因
(a)

対策例
(b)

図5.33　原因と対策

①クッションパッドの圧力を強くする

②曲げパンチのコーナ部に突起をつけ、食い込ませる

③ノックアウトにずれ防止用のストッパをつける（図5.33(b)）

5.3.8　スプリングバックを見込んだ曲げ

　スプリングバックを見込んだ角度で曲げるオーバベンド法である。**図5.34**(a)はL曲げへの対応例、図5.34(b)はU曲げへの対応例である。ウエッブをスプリングバックで戻る範囲内で逆そりさせて曲げる、スプリングバック逆利用による対策である。薄板で曲げ幅が広いときに使う。パッド圧の調整だけでできるものもある。

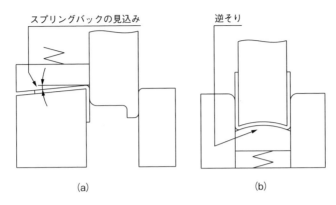

スプリングバックの見込み

逆そり

(a) (b)

図5.34　スプリングバックを見込んだ曲げ

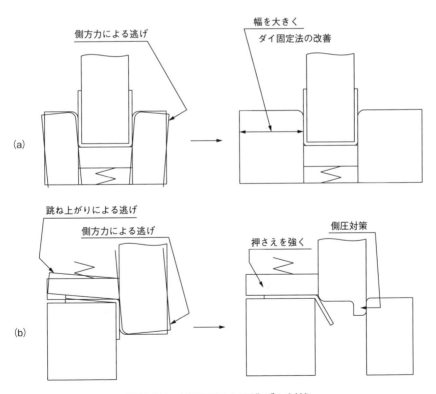

側方力による逃げ

幅を大きく
ダイ固定法の改善

(a)

跳ね上がりによる逃げ
側方力による逃げ

側圧対策
押さえを強く

(b)

図5.35　加工圧による逃げと対策

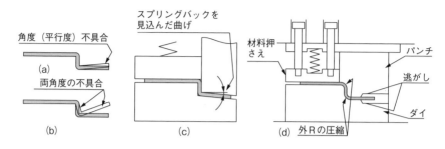

図5.36　段差の小さいZ曲げの角度不具合

5.3.9　曲げ加工圧による逃げの影響

図5.35に、UとL曲げの加工圧による影響と対策を示した。L曲げでは曲げ時の跳ね上がりをパッドで押さえられないと、曲げ角度および寸法ともに安定しない。

5.3.10　Z曲げのスプリングバック対策

(1) 段差の小さいZ曲げの角度不具合

図5.36(a)に示すように、段差の小さなZ曲げは曲げられた平行部が跳ね上がる。これはたて壁成形に伴う影響である。図5.36(c)のように、跳ね上がりとバランスするように下曲げする。図5.36(b)のように両方の角度が動くときには、図5.36(d)に示すような曲げ外Rを圧縮する方法も有効である。この方法ではダイとパンチに逃がしを取り、曲げ初期の材料の動きを緩和する方法を組み合わせると、さらに効果かある。

(2) 高さのあるZ曲げの角度不具合

Z曲げの高さが大きくなると、図5.37(a)のRを大きくしていかないと成形できない。Rを大きくしても、たて壁部分は曲げ戻しの影響を受けて反るか、S字状に変形する。その影響で平行部分は大きく跳ね上がる。この形状不具合を対策するためには図5.37(b)に示すように、たて壁部分に引っ張りをかけて伸ばし、形状の安定を図る。引っ張る際にR形状を小さくする。

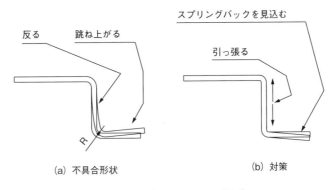

(a) 不具合形状　　　　　　　(b) 対策

図5.37　高さのあるＺ曲げ

5.4　寸法不良

5.4.1　曲げ寸法がプラス（マイナス）する

　図5.38の製品のＡ・Ｂとも大きくプラスしているのは、ブランクが大きいためでブランクの修正が必要だが、わずかなプラスの規格外であれば、曲げ半径（曲げ内側のR）を小さくすることで寸法をマイナスさせることができる。マイナスする場合はこの逆で、曲げ半径を大きくすればよい。

　曲げ寸法の一方が悪い場合は、位置決めを直してバランスをとる。

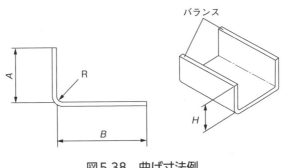

図5.38　曲げ寸法例

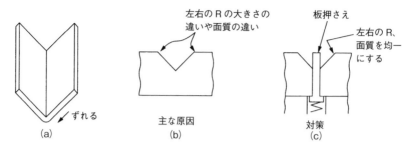

図5.39　左右対称のＶ曲げ製品のずれ

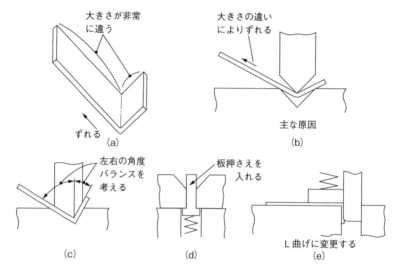

図5.40　左右差の大きい製品のずれと対策

5.4.2　Ｖ曲げでブランクがずれて寸法不良となる

　図5.39(a)のように、左右対象の曲げ加工でずれるのはパンチとダイの心ずれ以外に、ダイR部での材料の滑り方のアンバランスがある（図5.39(b)）。対策はダイ肩半径の左右の条件を揃えるほか、板押さえをつけるとよい（図5.39(c)）。

5.4.3　Ｖ曲げで左右フランジ長さの差が大きい製品の寸法不良

　左右フランジ長さの差が大きいと左右の重さが異なり、これが曲げバランスを崩してずれを生じる（図5.40(a)(b)）。

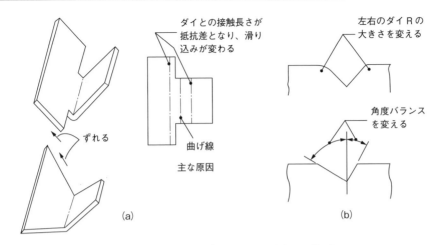

図5.41　左右曲げ幅の異なる製品の曲げ

　この対策としては、左右の角度のバランスを図5.40(c)のように変えるととも
に、図5.40(d)に示す板押さえを入れることもよい。しかし根本的な対策として
は、図5.40(e)に示すL曲げに変えるとよい。

5.4.4　左右の曲げ幅の異なる製品の寸法不良

　左右の曲げ幅に差がある図5.41(a)のような製品も曲げ位置がずれやすく、狭
い方がより強く押されて幅方向の寸法や板厚も変化しやすい。
　この対策としては、左右のダイRの大きさを変える、角度のバランスを変える
方法がある（図5.41(b)）。しかし、この方法で安定しない場合は、板押さえの採
用やL曲げ加工への変更が望ましい。

5.4.5　穴位置不良とその対策

　曲げ部にある穴の位置が悪い原因と対策を次に示す（図5.42）。
　①穴あけ工程での外形のずれ
　穴あけ工程で、穴位置がずれたりバラツキが大きかったりすると、曲げ加工後
に位置不良となる。対策として、穴あけ工程ではピッチと合わせて、外形とのず
れを管理する必要がある（図5.43）。
　②位置決め装置の位置ずれおよび隙間
　位置決め装置にずれや隙間があると、ブランクの位置がずれたり、バラツキが

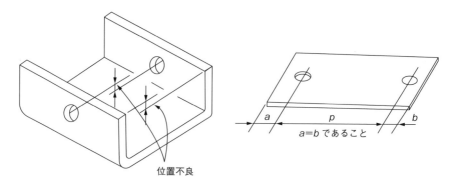

位置不良

図5.42　穴位置不良の例

$a=b$ であること

図5.43　穴と外形のずれのないこと

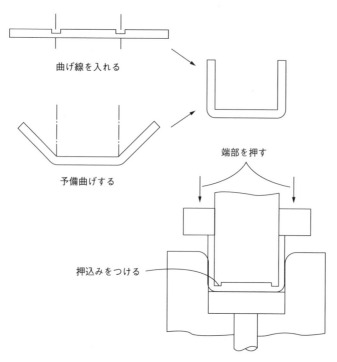

曲げ線を入れる

予備曲げする

端部を押す

押込みをつける

図5.44　曲げ寸法の安定法

生じたりする。対策としては位置決め装置を直すことである。

　③金型の不具合

　曲げダイの肩Rの左右の差、クリアランスの片寄りなどを調べて正しく直す。

④クッションパッドの不具合

クッションパッドの押さえ力が弱い、ガタツキ、傾きなどがあるとブランクがずれやすい。

全体的な対策としては、前工程で曲げ線や予備曲げを入れる、コーナ部に打ち込みを入れるとともに、端部を押すなどが考えられる（**図5.44**）。精度の厳しい要求があるものについては、曲げの影響を受けなくするために曲げ後に穴あけすることも検討する。

5.5　変形・きず

5.5.1　V曲げ加工のそり

V曲げ加工でのそりは、加工の性質上必然的に発生するものと、金型や加工条件などが不適当なために生じる例がある。いずれにしろV曲げ加工はそり、ねじれなどを防ぐ上で適した方法とは言えず、特に長尺もののそりの防止は難しく、修正工程やほかの加工法の検討も必要である。

5.5.2　V曲げの鞍状のそり

V曲げ加工の典型的なそりは、**図5.45**のような鞍状のそりである。この原因は、曲げ部の断面で外側表面部は板厚減少に伴う引き込み力P_1によって長手方向に縮み、内側表面部に生じた圧縮力による押出しP_2によって長手方向に広がろうとする、内外で逆方向に力が働くことによる。この力の差が製品全体を反らせることになる。

一方、このそりを押さえようとする働きが、曲げ部以外のフランジ部で働きそりの抵抗となる。そりの発生状況は曲げ部とフランジ部との関係で異なり、一般に次のようなことが言える。

①曲げ半径（R/t）が小さいほど厳しい曲げとなり、反りやすい

②材料が硬いほど表面の応力が大きく、反りやすい

③フランジの幅が狭いほど反りやすい

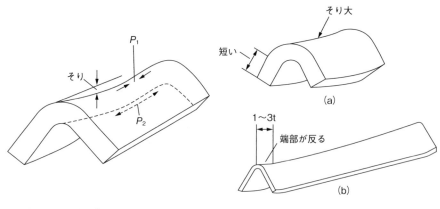

図5.45　曲げによる応力とそり　　　　図5.46　そりの発生状況

④材料の幅が狭いほど（曲げ幅＜8t）反りやすい（**図5.46**(a)）

⑤曲げ線が長い製品の中央部は材料が相互に拘束し、そりが少ない。ただし、端部で反る（図5.46(b)）

V曲げでのそりの原因は次の通りである。

①曲げ方向に働く曲げ内側での幅方向に押す力と、曲げ外側での幅方向に引く力とによって生じる（鞍状のそり）

②スプリングバックによって両端が開き、中央部はフランジの強さによって開きが少ないことによって生じる（長尺材の曲げに多い）

③金型の剛性やプレス機械の剛性が弱いときに起こる（逆そり）。①と②は鞍状そりと同じ形になるが、このそりは逆方向となる

また、対策としては次のようになる。

①曲げ部に大きな加圧力を加え、それを下死点で保持することで鞍状のそりは改善できる

②フランジの幅を大きくする（材料幅を広げる）。フランジの幅が大きいことが対策となる

③逆そりのそり対策としては、金型の剛性を高める

④逆そりの対策としては、プレス機械の剛性を高める。または加工に余裕のあるプレス機械を使用する

⑤長尺の曲げでは金型を分解し、左右と中央のスプリングバック対策を個別にとれるようにしてバランスをとる

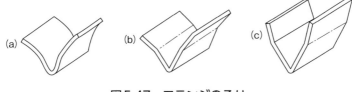

図5.47　フランジのそり

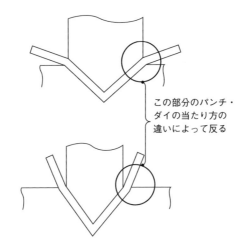

この部分のパンチ・
ダイの当たり方の
違いによって反る

図5.48　Ｖ曲げパンチ・ダイ幅とそりの関係

5.5.3　Ｖ曲げのフランジそり

　フランジそりの例を**図5.47**に示す。図5.47(a)のようなそりは、Ｖ曲げ変形過程での影響が残るものである。また曲げ幅が大きく、加工速度が速いと材料が曲げの速度に追いつかず、そりとなる。

　この対策としては次の通りである。

　①板厚に対してダイの肩幅を正しくする（8t）

　②製品の角度に等しい角度の金型で底突き加工をし、強く面押しをする

　③加工速度は製品の幅に対して適当な速さとする

　また、ある位置から外側、もしくは内側に折り曲がったようになる図5.47(b)および図5.47(c)の状況は、パンチの幅とダイの溝幅に差がある場合に生じる（**図5.48**）。

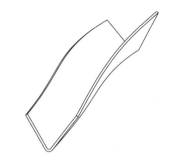

図5.49　ねじれた製品の例

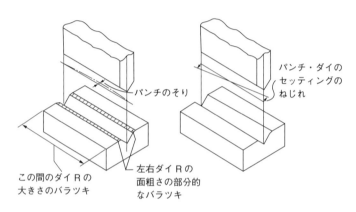

図5.50　ねじれの発生原因

5.5.4　V曲げでのねじれ

　図5.49に示すように曲げ加工後の製品が長手方向にねじれるのは、パンチの長手方向のそり、ダイのV溝のコーナRのバラツキ、パンチとダイの心のねじれなどが考えられる（**図5.50**）。対策としては、ダイRは成形研削または放電加工で仕上げ、やすり仕上げなどは避けるべきである。

5.5.5　曲げ部のふくれ

　曲げ部では内側は圧縮され、材料は曲げ線方向に押し出されて膨らみを作る（**写真5.3**）。対策としては、次のようになる。

　①ブランクのバリ面を曲げ内側として、膨らみを軽減する

写真5.3 曲げ部のふくれ

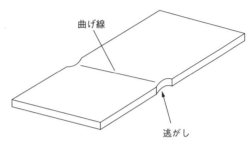

図5.51 曲げ膨らみ対策

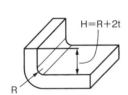

(a) 曲げの加工限界目安

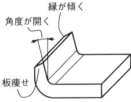

(b) 加工限界を超えたときの形状

(c) 曲げに接近した穴の変形

図5.52 曲げ限界による変形

②図5.51のように曲げ線位置を0.5t以上の深さで逃がしをつける

5.5.6 曲げ限界による変形

　曲げのフランジがきれいに成形される限界は、**図5.52**(a)に示す寸法が目安である。高さ（H）が低くなると、曲げフランジの端部は外側では引かれて下がり、内側では圧縮された材料が押し出されて高くなり傾斜する。それとともにフランジ部の板厚が減少して、曲げ角度が開いた形となる（図5.52(b)）。曲げ部に近接した穴も同様の変化が生じる（図5.52(c)）。

　曲げ限界に近いか、それ以下の高さできれいなフランジ縁を必要とするときには、限界以上の高さで曲げ加工した後にカットし、必要形状を作るようにする。

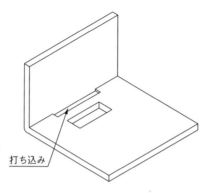

図5.53　穴引かれ対策の打ち込み

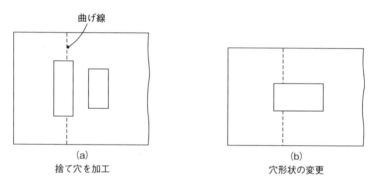

図5.54　曲げに接近した穴の変形対策

曲げに接近した穴も、同様に曲げ加工後に行うか、次の方法を検討するとよい。

①曲げ部に打ち込みを入れ、強いクッションパッドで受けると効果的である（**図5.53**）。この打ち込みは、曲げ前に入れる。スプリングバックの打ち込みは、曲げ後のため違いに注意する。

②捨て穴を曲げ部にあける　（**図5.54**(a)）

③穴形状を変更する　（図5.54(b)）

5.5.7　曲げ内側に突起のある製品の曲げ部の変形

　図5.55のように、内側にバーリングその他の突起がある場合、パンチを横に逃がすと曲げ加工後製品を横に滑らせてとらねばならず、一般にはたてに逃しをとる。このため、この部分だけパンチが逃げており、きれいな曲げ線がつかず、

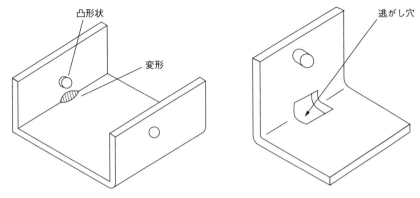

図5.55　曲げ内側に凸形状のある曲げ変形　　　図5.56　変形対策の逃がし穴

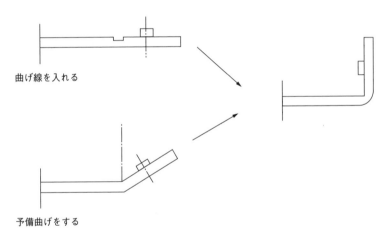

曲げ線を入れる

予備曲げをする

図5.57　曲げ内凸のある加工対策

部分的に膨れたようになる。

　この対策として最も良い方法は、突起部の下に逃がしの穴をあけることである（**図5.56**）。これが許されない場合は、前工程で曲げ線をつけるか、予備曲げをしてから曲げるとよい（**図5.57**）。

5.5.8　幅の狭い曲げ部が横に曲がる

　幅の狭い抜き部分を曲げると、横方向へ曲がることがある（**図5.58**(a)）。抜き断面が、図5.58(b)に示すように長方形でなく五角形になっていることが原因で、

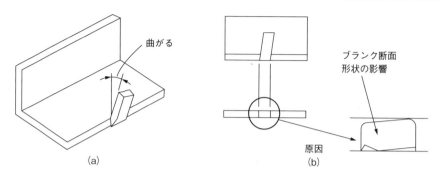

図5.58　細い曲げ部の横曲がり

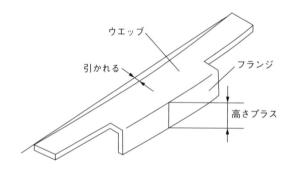

図5.59　L曲げのひけ

曲げ接地面が傾き、その結果曲げが曲がる。

　対策としては打抜きの条件を左右均一にし、ねじれを少なくするほか、平打ちするのも効果的である。曲げ工程での横曲がり防止のガイドをつけても、型から製品が離れると曲がるため、抜きの改善が最善である。

5.5.9　L曲げによるウエッブのひけ

　L曲げ加工では、ウエッブが狭いと材料押さえの確保ができなくなり、曲げのときパンチ方向に引き込まれ、ウエッブ部のわん曲と曲げ高さのプラスとなって現れる（図5.59）。この対策として、次の方法がある。

　①板押さえの圧力を強くする

　②曲げ線部にVノッチの曲げ線または打ち込みを入れて、引かれのブレーキとする（図5.60(a)）

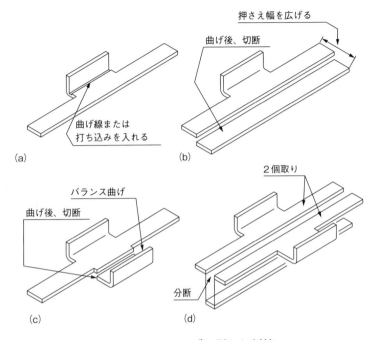

(a)

曲げ線または
打ち込みを入れる

(b)

押さえ幅を広げる

曲げ後、切断

(c)

曲げ後、切断

バランス曲げ

(d)

2個取り

分断

図5.60　ウエッブの引かれ対策

③ウエッブの面積を広げて押さえ力を増す（図5.60(b)）

④曲げに対抗するバランス曲げを設けて加工する（図5.60(c)）

⑤左右対象の2個取りとして加工後分断する（図5.60 (d)）

　ウエッブ部分の板厚を利用し、ストッパを設けて対策する方法も考えられるが、ウエッブの変形やきずの発生などがあるためうまくいかないことが多い。

5.5.10　U曲げで排出時に変形する

　パンチに付着したU曲げ製品を取り出すときに、片側のフランジだけで払うと図5.61のような変形が発生する。左右のフランジをバランス良く払うことが必要である。

　キッカピンを使って製品を外すとき、ウエブ中央を押したくなるが、図5.62のような変形を起こす。この対策としては次の点を注意するとよい（図5.63）。

　①キッカピンは、できるだけ曲げ部に近いところへ入れる

　②キッカピンはコーナーの食い付きを離す、強くて可動量の少ないものと、パ

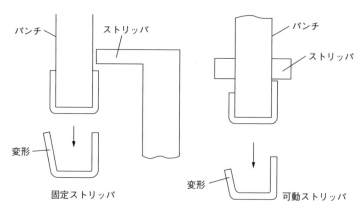

パンチ　ストリッパ　パンチ　ストリッパ

変形　変形

固定ストリッパ　可動ストリッパ

図5.61　片側のみで払うと変形する

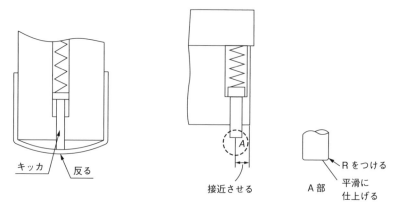

キッカ　反る　接近させる　A部　R をつける　平滑に仕上げる

図5.62　中央を押すと反る　図5.63　キッカピンでの払い

ンチに弱く付着した場合に外す、弱くて可動量の大きいものを組み合わせて使用する

③下死点での面押し圧が高過ぎると製品にきずがつくため、必要以上に面圧をかけない

5.5.11　Z曲げの変形と割れ

　一度に2カ所を同時に曲げるZ曲げは、金型が比較的簡単で工程を短縮できるが、さまざまな問題が発生しやすく、精度の高い製品ではできるだけ避けた方がよい（**図5.64**）。Z曲げの主な不具合としては、次のようなものがある（**図5.65**）。

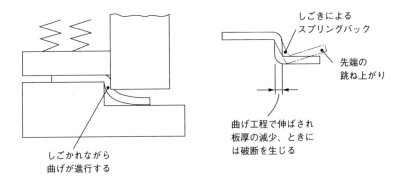

図5.64　Ｚ曲げとその問題点

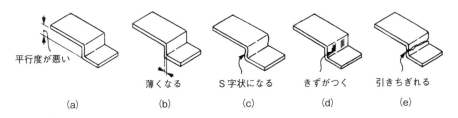

図5.65　Ｚ曲げに生じる不具合の例

(a)曲げ部の平行度が悪く、先端が跳ね上がる

(b)たて壁部が伸ばされて薄くなる

(c)たて壁部は直角にならずＳ字状になる

(d)たて壁にきずがつきやすい。

(e)たて壁部が弱くなり、引きちぎれる。

　その他に、伸びの状況が不安定で正確な展開長さの計算が難しく、精度の高い寸法が得にくい、ブランクが引かれて位置ずれが生じやすい、などの問題点がある。対策としては、次のような事項がある。

　①試し加工を行い、曲げ角度および展開長さの補正値をつかむ

　②たて壁部は伸ばされるので、クリアランスは小さめにする

　③板押さえを強くする

　④パンチの肩半径（Rp）はできるだけ大きくし、面をきれいにして材料移動を楽にする　（**図5.66**(a)）

　⑤生産数の多い順送り型では2工程に分ける　（図5.66(b)）

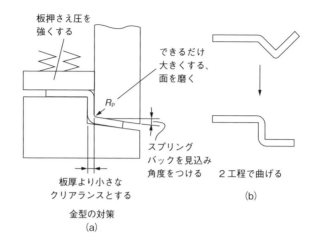

図5.66　Z曲げの対策例

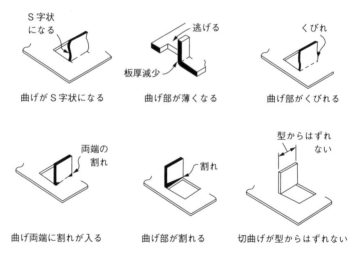

図5.67　切曲げで生じる不具合例

5.5.12　切曲げの変形と割れ

　切曲げ加工は、せん断加工と曲げを同時に行うものであるが、加工に無理があり、パンチの摩耗が早いほか、製品の出来栄えも**図5.67**のようなさまざまな不具合を生じやすい。

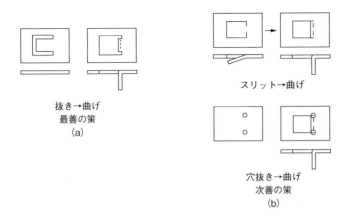

抜き→曲げ
最善の策
(a)

スリット→曲げ

穴抜き→曲げ
次善の策
(b)

図5.68　2工程で加工する例

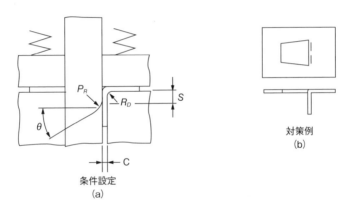

条件設定
(a)

対策例
(b)

図5.69　切曲げに影響する因子と対策例

　対策として最も良いのは、2工程ではじめに周囲を抜いた後にL曲げをすることであり、製品設計段階から配慮しておくことが望ましい（**図5.68**(a)）。次善の策としては、スリットを入れてから曲げる方法と、曲げ部に穴をあけてから切曲げする方法がある（図5.68(b)）。

　やむを得ず切曲げを1工程で行う場合は、**図5.69**(a)の条件設定に注意するとともに、次の対策を考えるとよい。

　①ストリッパは必ず可動式とし、板押さえを確実に行う

　②公差の範囲内でテーパをつけ、ダイから外れやすくする（図5.69(b)）

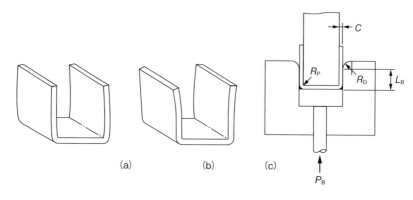

(a)　　　　　　(b)　　　　　(c)

図5.70　U曲げのフランジそり

③ノックアウトは使用しないか、曲げ前に先下げする

④パンチには側方力が大きく働くためストリッパでしっかりガイドする

⑤パンチは耐摩耗性の高いものを用い、早めに交換する

5.5.13　U曲げのそり

(1) フランジのそり

　U曲げ製品が**図5.70**(a) (b)のようにフランジが反る要因としては、図5.70(c)のダイR (R_D)、噛み合い深さ (L_B)、クリアランス (C)、クッションパッドの圧力 (P_B) などが考えられる。そのほかブランクのそり、バリなども影響する。

　対策としては、ダイRを板厚の3倍程度つける、クッションパッドの位置をダイ面かややダイ面より上の位置として、クッション圧を強くする、クリアランスを適正にする、パンチとダイの噛み合いを適正にするなどである。

(2)ウエッブのそり

　図5.71に示す底部（ウエッブ）のそりは、曲げ始めのときのクッション圧不足、クッションパッドの位置不良（ダイ上面より下がっている）などが主な原因である。図5.71(a)の現象は、クッションパッドの圧力が弱いか、下死点での底突きがかなり不足していることが原因である。また図5.71(b)は、クッションパッドの圧力が弱いまま下死点での底突きが弱く、凸のそりが反転した状態で終わったときに発生する。

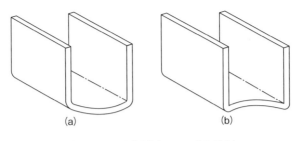

図5.71　Ｕ曲げウエッブのそり

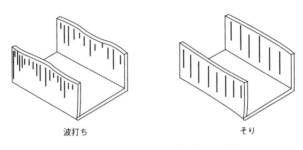

波打ち　　　　　　　　　　　　　　　　そり

図5.72　フランジの波打ちとそり

5.5.14　側壁の波打ちとそり

　Ｕ曲げのフランジの波打ちや曲げ線に沿って反るのは、材料の板厚が薄い製品に現れる現象である（図5.72）。曲げる前のブランクのひずみが、曲げによって顕著に現れることが多いからである。

　ブランクにそりやひずみが生じないように、抜き状態にも注意を払うことである。まれに、圧延方向に対して角度を持たせて曲げた際にも発生する。

5.5.15　ショックマーク（肩当たり）

　曲げ部に近い外側に平行した凹みが生じるきずである（図5.73）。曲げは、ダイまたはパンチの肩（滑りＲ）を滑って形状を作っていく。このときに作られるきずである。

　原因と対策は次の通りである。

　①滑りＲが小さい→2t以上のＲとする

　②滑りＲ面の形状が悪い、面が荒れている→Ｒ形状の改善、面の磨き

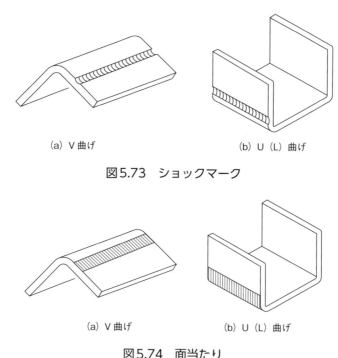

(a) V曲げ   (b) U（L）曲げ

図5.73　ショックマーク

(a) V曲げ   (b) U（L）曲げ

図5.74　面当たり

③加工速度が速い→加工速度を遅くする

④厚板の曲げで、降伏力が曲げ力に負けている→折り曲げ構造を採用する

5.5.16　面当たり

　クリアランス小で曲げたときの表情である。V曲げではプレス機械のストローク調整で上型を下げ過ぎたものである。

　U・L曲げでは、クリアランスを材料板厚の呼び寸法とすることが多いが、材料が公差内で厚いものが入ってきたときなどに発生する（**図5.74**）。クリアランスを大きめとして、曲げ角度の開きはスプリングバック対策で対応するなどの工夫が必要である。もちろん、板厚に合わせてクリアランスを調節することが最も望ましい。

5.5.17　きず・打痕

　この原因としては滑りR、滑り面の焼付き、バリの脱落、ごみ、抜きくず、さ

図5.75 きず・打痕

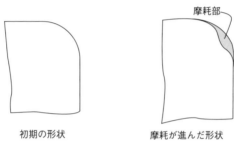

初期の形状　　　　　　　　　摩耗が進んだ形状

図5.76 ダイ肩形状の変化

びなどの付着、加工油の不足、摩耗による滑り面の肌荒れなどが考えられる（**図5.75**）。対策としては、保管中にごみやさびの付着した金型は使用前に分解清掃し、新しい潤滑油をつける、滑りR・滑り面のきずは早めに磨き、処理する。粘性の高い加工油を塗布する、などが挙げられる。

　表面に印刷や塗装してある材料で、上記の対策だけでは対応が難しい場合は、材料にビニールフィルムを貼って加工する。ダイにポリウレタンを用いる（V曲げのとき）。折り曲げの採用などが必要となる場合もある。

5.5.18 金型の摩耗ときず

(1) 金型の摩耗ときず

　U・L曲げ加工では、ダイ肩が最も摩耗して表面は滑らかであっても、**図5.76**のように形状が変わり、これによって曲率半径が部分的に変化して小さくなる。これが原因で、曲げ条件や伸びが大きく変わることがある。このためダイ肩は磨

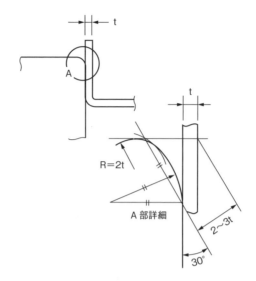

図5.77　曲げダイ肩形状の変化

くだけではなく、再研削などによって形そのものを正しく直す必要がある。

(2) 表面処理鋼板の細かいくずの発生

　表面に亜鉛めっきなどの処理をした鋼板は、後工程でのめっきを省略するため広く用いられている。しかし、曲げ加工によって粉（パウダリング）や細かな面がはく離し（フレアリング）、これが型内にたまってきずの原因になったり、電気製品の絶縁不良を生じたりする。

　この原因としては次の事項が挙げられる。

　①ダイR部との摩擦

　②クリアランスによるしごき

　③ショックライン

　④破断面の部分のはく離

　この対策として、ダイ肩を通常の設定より大きくするか、形状を**図5.77**のように円弧を連続した形状として滑り抵抗を軽減するとよい。その上で表面仕上げを良くし、表面硬化処理をするのもよい。

第**6**章

成形加工のトラブル対策

6.1 成形加工の基本

　成形加工は、板厚を大きく変化させずに立体的な形状を作る加工である。**写真6.1**に成形の主なものを示した。曲げ加工から絞り加工まで例示している。本章で扱う内容は、曲げと絞りを除いた成形加工である。

6.1.1 成形の基本要素

　成形加工は、曲げ変形、縮み変形および伸び変形で成り立っている。**図6.1**は成形の基本要素を示している。図6.1(a)は、成形に伴う材料の変形要素の組合せを示したものである。曲げ変形プラス縮み、または伸び変形の組合せで成り立っている。伸び変形は、穴のないものと穴のあるもので状態が変わるため、2つを示した。ここで示したものは基本形であり、変形の組合せはわかりやすい。一方で、複雑形状の成形ではすべての要素が入ってくるため、複雑な材料の動きを読まなければならない。

　縮み変形と伸び変形の加工の難易を比較すると、縮み変形は加工に伴い板厚の増加があり、比較的金型に馴染みやすく加工しやすいところがある。伸び変形では板厚の減少があり、金型への馴染みが悪く加工が難しい傾向にある。

①曲げ ②フランジ成形 ③ビード

④エンボス（板成形） エンボス（板鍛造） ⑤カール

⑥バーリング ⑦リブ 三角リブ ⑧半球絞り

⑨円筒絞り ⑩角絞り

⑪テーパ絞り ⑫異形絞り

写真6.1　主な成形加工

	主な変形		
	曲げ変形	縮み変形	伸び変形
曲げ加工（図a）	○		
絞り加工（図b）	○	○	
張出し加工（図c）	○		○
バーリング（図d）	○		○

(a) 加工の内容

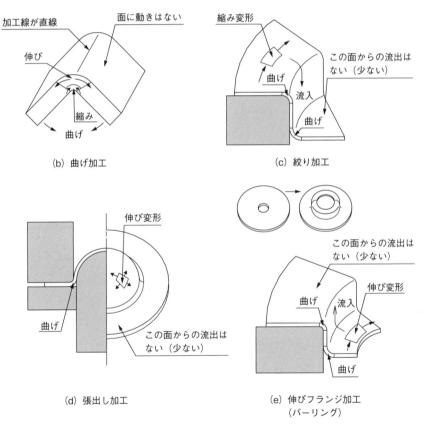

(b) 曲げ加工　　(c) 絞り加工

(d) 張出し加工　　(e) 伸びフランジ加工（バーリング）

図6.1　成形の基本要素

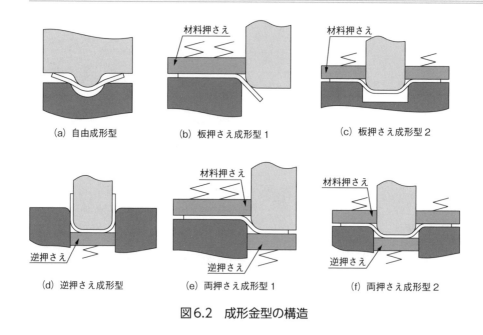

(a) 自由成形型　　　　(b) 板押さえ成形型 1　　　　(c) 板押さえ成形型 2

(d) 逆押さえ成形型　　　(e) 両押さえ成形型 1　　　(f) 両押さえ成形型 2

図6.2　成形金型の構造

6.1.2　成形金型の構造

　成形加工に用いられる金型構造は、**図6.2**に示すものが使われている。金型構造の選択を誤ると、材料の動きをコントロールすることができず、不具合が発生する。金型内に入れられた材料に最初に接触するパンチ、もしくはダイによって材料は動かされていくが、接触の仕方によって局部伸びが発生したり、全体の材料が動いてしわの抑制ができなくなったりすることがある。

　また、加工の進行に伴って、材料の一部に発生したたるみを解消できなくなることや、細部へ必要な材料の供給ができなくなり、破断を起こすこともある。このようなことを事前に読み、必要に応じて予備成形を活用するなど、材料が動きやすい状態を作り出すことも考える。

　自由成形型は、構造がわかりやすいことから安易に採用し、不具合に悩まされることが多いため採用には注意が必要である。

材料名	n 値	r 値
SPCO	0.23	1.90
SUS304	0.45	1.00
SUS430	0.20	1.20
A1100	0.25	0.87
A3003	0.19	0.67
A5052	0.24	0.67
C1020	0.36	1.15
C2600	0.49	0.77
純チタン（2種）	0.15	4.27

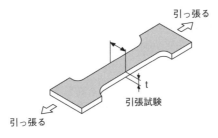

図6.3　n値とr値

6.1.3　材料特性を読む

　成形加工の際には、材料の引張強さと伸びに着目して、加工の難易度をまず判断する。r値やn値、および応力‒ひずみ線図に着目すると加工のヒントとなる。

(1) r値とn値

　r値はランクフォード値とも呼ばれるもので、材料の引張試験を行ったとき、板の厚み方向と板幅方向のどちらの方向に変形しやすいかを表す（**図6.3**）。r値の大きい材料は板厚の変化が小さく、幅の変化が大きく出るもので、深絞り性が

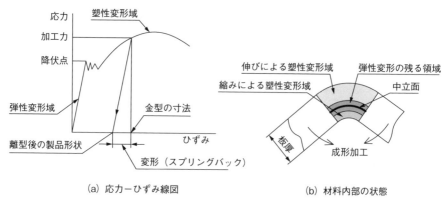

(a) 応力－ひずみ線図　　　　　(b) 材料内部の状態

図6.4　加工と応力－ひずみ線図の関係

良くなる。一方、r値が小さい材料は幅の変化が小さく、板厚の変化が大きく出るもので、張出し加工に適している。

　n値は加工硬化指数とも呼ばれるもので、加工硬化の度合いを表す（図6.3）。nの値は0～1の間にある。この値が大きいと、加工硬化の程度が大きくなる。n値が大きいほど、張出し成形に対して有利となる。

　アルミニウムは絞り加工が難しいと言われるが、そのことはr値からもわかる。純チタンは加工が難しいとされるが、r値を見るとわかるように絞り性は非常に良い。加工を難しくしているのは、焼付きしやすい性質からきている。焼付き対策をしっかり行うことで良好な加工が得られる。

　材料の特性を知ることで、加工上の注意点をつかむことが可能になる。これを、工程設計に活かすことで不具合を低減できる。

⑵ 変形と材料の動きを知る

　どの金属材料も、弾性と塑性の性質を持っている。成形加工は塑性変形によって永久変形を作り、形状を得ることを狙った加工である。ただし、スプリングバックが発生することを考慮する必要がある。

　スプリングバックは曲げの専売特許ではない。**図6.4**⒜に示すように、加工力を材料に加えることで金型形状に成形されるが、金型から材料が離れると形状は変化する。これは図6.4⒝に示すように、材料内部に塑性変形域に到達しない材料が残るためと考えられる。これが形状変化の原因と言える。

このことを考慮しないと、形状精度ばかりではなく面精度にも影響する。成形加工では、形状精度とともに面精度を求められることが多いため、材料のわずかな動きが影響することに気をつけねばならない。

6.2　フランジ成形の不良対策

6.2.1　フランジ成形の基本形状

フランジ成形の基本形状は**図6.5**に示す(a)曲げフランジ、(b)伸びフランジ、および(c)縮みフランジの3つである。曲げフランジは曲げそのものである。さらに、(d)Lフランジと(e)Zフランジの2断面形状の変化がある。これらの組合せでさまざまなフランジ成形の形状が作られている。

Lフランジの加工は、曲げ加工の延長上で考えて金型を作ると、縮みフランジ成形ではしわの発生に悩まされることがある。**図6.6**はフランジ成形での材料の動きを示したものであるが、材料の余りおよび不足によるフランジ部の動きを考慮した金型構造を考える必要がある。

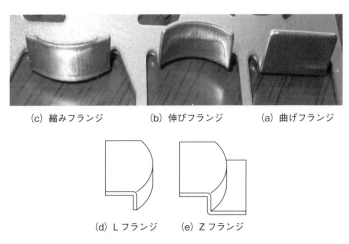

(c) 縮みフランジ　　　　(b) 伸びフランジ　　　　(a) 曲げフランジ

(d) Ｌフランジ　　　　(e) Ｚフランジ

図6.5　フランジ成形の基本形

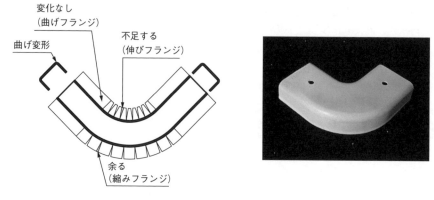

図6.6　フランジ成形での材料の動き

6.2.2　フランジ成形での不具合と対策

⑴ 縮みフランジ成形でのフランジのしわ

　縮みフランジ成形では、**図6.7**に示すようなしわやたるみが発生することがある。この原因は、曲げ変形に伴ってフランジ部分に幅方向の圧縮力が働き、材料が座屈することである。形状と比較して材料の板厚が薄い場合や、円弧形状の半径（R）が小さいときに発生しやすくなる。

　対策としては次の方法が考えられる。

①円弧半径（R）を大きくする。直線に近づけるほど、圧縮による縮み変形は緩和される

②フランジ高さを低くする。高さを低くすることで、フランジの剛性を高めることができる

③材料板厚を厚くする。材料の剛性を上げて座屈強度を高める

④ダイRを大きくする。もしくは、斜面として成形過程での形状変化を緩くする

⑤クリアランスを小さくする。縮み変形のためフランジ部の板厚は増加（最大板厚の30％程度）するので、クリアランスは材料板厚より大きくする。ただし、増加率の最大までしない

⑥金型構造をしわ押さえあり構造（図6.2(e)の構造）に変更して、フランジをしわ押さえで押さえながら加工する。円筒絞りの一部を加工していると考え

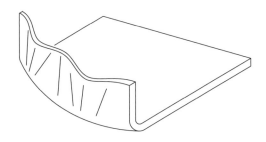

図6.7　縮みフランジのしわ

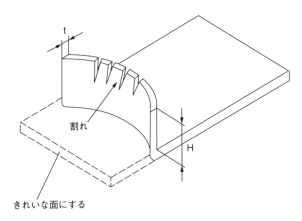

図6.8　伸びフランジ成形の割れ

　　れば、この構造が適したものとなる

⑵伸びフランジ成形でのフランジの割れ

　加工ラインが凹形状になると、**図6.8**に示すような割れがフランジに発生することがある。この原因は、曲げに伴うフランジ部分に発生する幅を広げようとする引張力が働き、フランジ端部が材料伸び限界を超えたときに発生する。割れ対策は次の通りである。

　①円弧半径を大きくする。単純に伸び要素の軽減である

　②フランジ高さを低くする。曲げ半径を大きくすることも同じ効果で、フランジ部分の伸び要素の軽減となる

　③フランジ端部の切り口面をきれいにする。端部の切り口面をシェービングや切削で仕上げることで、割れはかなり改善できる。面をつぶしてきれいにす

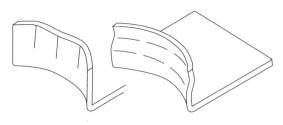

図6.9　伸びフランジの波打ち

る方法もあるが、つぶすことで面に加工硬化が発生し、伸びにくくする面も
あるため使用には注意が必要である。シェービングで面を仕上げると、せん
断によって発生した加工硬化層を一緒に除去でき、改善効果は大きくなる

④フランジ端部の切り口面の加工硬化を軽減する。抜き条件を工夫し、切り口
面の加工硬化をなくすことで改善するもので、伸び限界の向上を図る狙いで
ある

⑤クリアランスを小さくする。しごき要素を入れ材料の不足を補う

⑥パンチRおよび側面の面粗さを改善する

(3) 伸びフランジ成形でのフランジの波打ち

薄い材料を伸びフランジ成形すると、**図6.9**に示すようにフランジが波打つ現
象である。発生は少ないが、フランジ縁付近でスプリングバックによってゆがむ
現象である。原因は、クリアランスを大きく取り過ぎて材料拘束が弱くなること
で発生する。波打ち対策としては次の方法がある。

①クリアランスを小さくする。しごきを入れて、スプリングバック要素を軽減
する

②パンチ・ダイの噛み合いを深くする

(4) 複合フランジ成形の変形

複合フランジ成形は、フランジ成形の3要素のすべてが入った形状である。圧
縮、伸びに対応した形状部分では、**図6.10**に示すようなそれぞれの特徴ある状
態が出現する。形状の両端のボリュームが小さいと、圧縮や伸びの影響を受け
て、押出しや引かれが発生することもある。

不具合対策としては、成形に伴う変形（上がる、下がる、押出し、引かれ）に
対してはブランクの補正が主体となる。また、しわ対策などは各部のクリアラン
スを変える。単純曲げ部では板厚と同じに、伸びフランジ部は板厚より小さく、

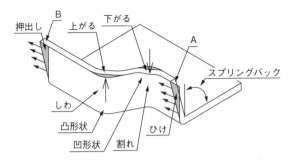

図6.10　複合フランジ成形

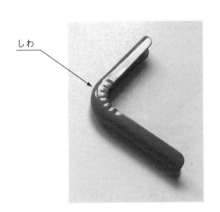

写真6.2　ＵとＶの組合せ形状

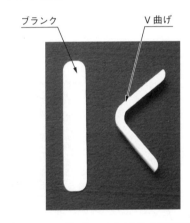

写真6.3　Ｕ曲げ→Ｖ曲げの２工程加工

縮みフランジ部では板厚より大きくクリアランスをとることを行う。

　一方、割れ対策としては、ブランクの形状と、伸びの伴う形状部分の抜き切り口面の改善が手段となる。

⑸ Ｕ・Ｖの組合せ形状

　写真6.2に示すような形状の加工である。写真に示すようなＶ曲げ部分のしわ発生が主な不具合であるが、工程設計に伴う不具合もある。

　写真6.3はＵ曲げ→Ｖ曲げの２工程加工で成形したものである。２工程目のＶ曲げ工程では、Ｕ曲げした板厚を拘束しながらＶ曲げ加工することで成功している。薄板の形状ではこの方法がよい。

　写真6.4は１工程で加工しているものである。金型構造は、図6.2に示す自由成形型を採用して、しわの発生する部分はダイ形状に膨らみを持たせてしわの発生

ブランク

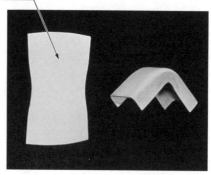

写真6.4　U・Vを1工程加工

割れ

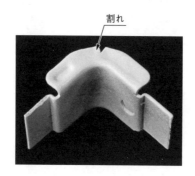

写真6.5　UとVの組合せ形状2

を押さえている。ブランク形状が、写真6.3のブランクとは異なる。これは、自由成形による材料の動きからきている。板厚が比較的厚い製品のときに採用できる方法である。

⑹UとVの組合せ形状2

　写真6.5のような形状は、V曲げ部分が伸ばされるため、割れが発生しやすい。割れの対策は金型で行うことは、面の磨きや材料滑り形状を滑らかにして、摩擦を軽減するなどとなる。

　主な対策は、ブランク形状を補正して伸びを小さく納めるようするか、伸び面の材料切り口面に破断面のないきれいな面にする（**写真6.6**）。あわせて切り口面の加工硬化を減らす工夫を取り入れ、材料の伸び限界まで加工できるようにすることである。

190

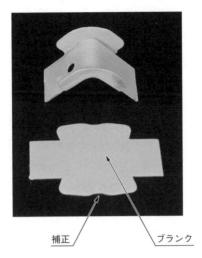

補正　　　　　　　ブランク

写真6.6　ブランクの補正

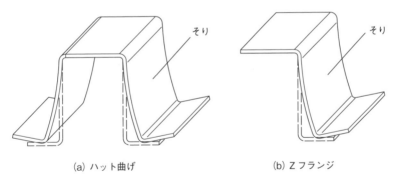

(a) ハット曲げ　　　　　　　　　　(b) Zフランジ

図6.11　フランジ成形でのそり

⑺ フランジ成形のそり対策

　図6.11に示すような変形である。たて壁部分に、加工の際に曲げ戻しが働き、変形する。このそりを取るためには、フランジに降伏力以上の引っ張りが働くように加工することで改善できる。

　不具合対策としては、次の2つがある。

　①2工程加工にする

　図6.12に示すように、1工程目でフランジRを大きくして、曲げ戻しの負担を

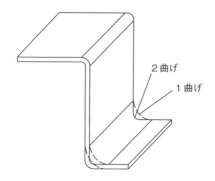

図6.12　2工程での成形

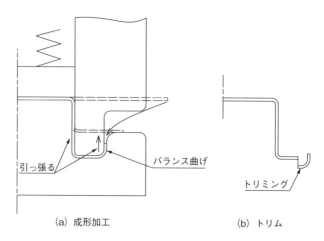

（a）成形加工　　　　　　　　　（b）トリム

図6.13　バランス曲げで引張力を作る

軽減するように加工しておく。そして、2工程目で大きく加工したRを小さくすることにより、フランジに引張力が働いて改善できる。

　②バランス曲げを使う

　図6.13に示すように、下死点近くでバランス曲げを使い、フランジに引張力が働くようにする。

⑻ フランジ成形のスプリングバック対策

　フランジ成形のスプリングバック対策は、主に2つのアプローチが考えられる（図6.14）。

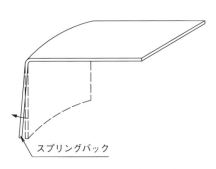

図6.14　フランジのスプリングバック　　図6.15　巻き込み曲げでの対策

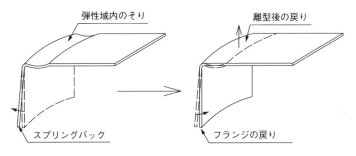

図6.16　スプリングバックを利用した対策

①2工程加工する方法

　図6.15のように1工程目で大きな曲げ半径で加工し、2工程目で正規の曲げ半径で加工する。この方法は、1工程目で作られた曲げ半径部分を巻き込むことで、対策するものである。したがって、1工程目の曲げ半径を大きくするほど対策効果は大きくなる。2工程目のダイは2〜5°の逃がしをつけておく。

②ウエッブの逆そりを利用する方法

　図6.16に示すように、ウエッブにパッド圧力を利用して弾性域内のそりを作る。この状態で曲げる。離型後に、パッドで作られたそりが弾性戻りで復元することで、スプリングバックを解消する。

　同様の内容を2工程で加工する方法もある。1工程めでパッドで作るそりを塑性域まで持ち込み、2工程めでウエッブのそりを元に戻すように加工することで、より大きなフランジの戻りを得ることができる。

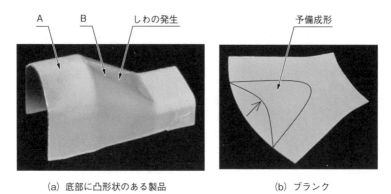

(a) 底部に凸形状のある製品　　　　(b) ブランク

写真6.7　底部に凸形状のあるフランジ成形

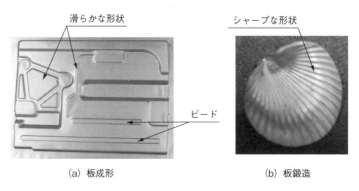

(a) 板成形　　　　　　　　　　(b) 板鍛造

写真6.8　エンボス加工の相違

⑼ 底部に凸形状のあるフランジ成形

　写真6.7(a)のような形状の成形では、A部が先行して成形される。そのときに斜面（B部）はパンチ・ダイに拘束されないため、たるみやしわが発生することがある。無理に1工程で加工するために起こるもので、**写真6.7**(b)に示すように予備成形を行い、パンチ・ダイとの馴染みを良くするとよい。

6.2.3　エンボス・ビード成形での不具合と対策

⑴ エンボス加工

　エンボス加工は、低い凹凸で形状を作る加工である。棒状や円弧状に成形したものを、特にビードと呼んでいる。また、エンボス加工は**写真6.8**に示すよう

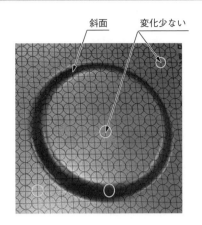

斜面

変化少ない

写真6.9　エンボス加工の材料の動き

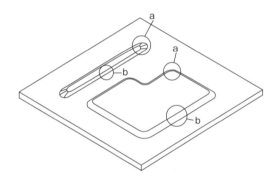

a

a

b

b

図6.17　エンボス加工の不具合が発生しやすい部分

に、板成形と板鍛造に区別されるので注意したい。材料の伸びを利用して滑らかな形状を作るものが板成形で、その形状をさらに圧縮してシャープな線を作るものが板鍛造とされ、区分される。板鍛造はかなり大きな加工力を必要とする。

　写真6.9に示すエンボス加工は、段差を作る斜面部分の投影面の材料を伸ばして高さを作る。その際に、平面部分の材料はできるだけ動かさないようにする。面精度を保つためである。エンボス加工では、高さを作る部分の割れと平面部分のひずみが不具合の大半で、これらへの対策が重要となる。

⑵ エンボス・ビードの割れ

　図6.17に示す形状と図中記号を参照してほしい。

図6.18　エンボス角部の丸み

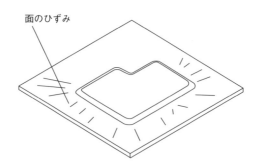

図6.19　エンボス加工での面のひずみ

①図6.17中a部の割れ（角部）

　形状のコーナ部や端部は、伸び要素が大きいため局部的に割れが発生しやすくなる。できるだけ大きく、きれいな丸みをとりたい（**図6.18**）。あわせてクリアランスを大きくし、伸び領域を広くとるようにする。

②図6.17中b部の割れ（直線部）

　角部に比べれば、割れは少ない。斜面部分の傾きを大きくして、材料の伸びを緩和する。パンチRを大きくして局部的な伸びを少なくする。ダイRも大きくして曲げ変形を緩和する。ただし、ダイRを大きくし過ぎると材料の引き込みが大きくなり、面精度に影響するため極力小さく保つ。

　エンボス加工ではパンチの面粗さを良くし、加工油を多くすることがよい。

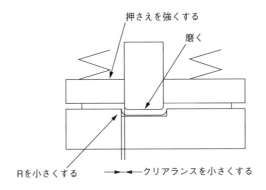

押さえを強くする

磨く

Rを小さくする　←─→クリアランスを小さくする

図6.20　エンボス面のひずみ対策

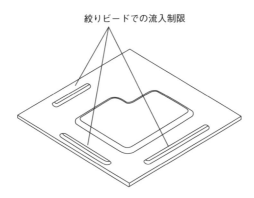

絞りビードでの流入制限

図6.21　材料の流入バランスをとる

(3) ビード・エンボス・ビード成形での面ひずみ

　面のひずみは、成形に伴う面の不均等な引き込みによって発生する（**図6.19**）。対策としては、深さが浅く（板厚程度）、エンボスの密度が低い場合、パッドの押さえを強くして成形する。直線部のクリアランスおよびダイRを小さくする。パンチ面粗さを良くする（**図6.20**）。

　面部分の大小があり、押さえ力だけで対処が難しい形状では、絞りビードやバランス曲げを活用して材料引き込みのバランスをとる。**図6.21**に示すように、材料の引かれの強い部分にビードやバランス曲げを入れ、材料の流入にブレーキをかけてバランスをとる。成形後にトリミングで形を整える。

リブ

写真6.10　リブ

6.2.4　リブ成形の不具合と対策

　写真6.10に示すリブは、曲げやフランジ成形と同時に加工され、曲げ角度の安定やフランジ強度向上のために採用される。しかし、大きさや位置に注意しないと思わぬ不具合が発生する。小さ過ぎるリブは、かえって曲げ部の強度を下げることがあるため注意したい。

⑴ リブ部分の割れ

不具合対策

　①リブの山を低くする

　図6.22(a)に示すように、リブの山を低くして材料伸びを緩和する。

　②予備成形を入れる

　指定リブ形状が大きいと、1回の成形で加工するには材料伸びがついてこられず、割れることがある。このようなときには、**図6.22**(b)に示すように予備成形、成形の2工程加工とするとよい。

⑵ リブ成形するとフランジが傾く

不具合対策

　○リブの位置を曲げ中央にする

　リブ位置が**図6.23**に示すように曲げ中央からずれると、左右の材料の引かれ

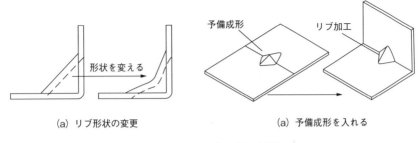

（a）リブ形状の変更　　　　　　　（a）予備成形を入れる

図6.22　リブの割れ対策

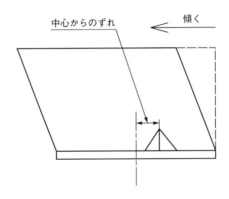

図6.23　フランジの傾き

方が異なってフランジが傾く。

　リブは曲げ下死点付近で加工されるため、比較的材料押さえなどの条件が良い状態にあってもほんの少しの条件変化でまた傾くため、リブ位置を中央にするのが一番安定した対策となる。

6.2.5　バーリング加工での不具合と対策

(1) バーリング加工で縁が割れる

　写真6.11に示すような現象である。

不具合対策

①下穴を大きくする

　バーリングは穴の縁を伸ばして成形する加工であるため、材料の伸び限界を超

写真6.11　バーリング縁の割れ

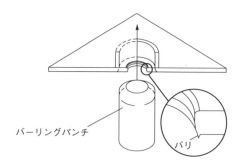

バーリングパンチ

バリ

図6.24　バーリングパンチとバリ面の関係

えると縁に割れが発生する。

　②下穴のバリ面をパンチ側にして加工する

　面の状態で伸び限界が変わるため、せん断面が外側となるように、**図6.24**に示すようにバーリング下穴のバリ面がバーリングパンチ側となるようにして加工する。

　③バーリング下穴切り口面の改善

　下穴切り口面粗さが良いほど伸び限界は向上するため、穴抜きのクリアランスを小さくする。下穴加工にシェービングを採用する。リーマ仕上げするなどの手段で、穴面粗さを改善するとよい。

　④しごきバーリングとする

　バーリングのクリアランスを板厚の70%程度に小さくすると、しごき要素が

コーナー・円弧部を低くする

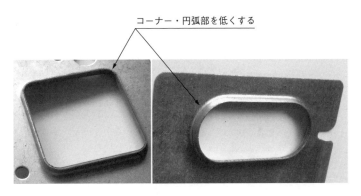

写真6.12　円形以外のバーリング割れ対策

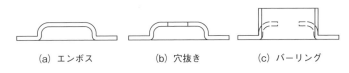

(a) エンボス　　　(b) 穴抜き　　　(c) バーリング

図6.25　高いバーリングを加工する工夫

加わり改善される。

　⑤円形以外のバーリング

　写真6.12のような円形以外のバーリングでは、コーナーの丸みを大きくするとともにコーナー、円弧部分の高さを低くする。

(2) バーリングの高さが出ない

不具合対策

　①しごきバーリングとする

　バーリングは、しごき加工と同時に行うと、かなり高さを稼ぐことができる。フランジの厚さが薄くなり強度的には低下するが、高さが欲しいときには有効な手段である。パンチ・ダイへの食い付きが強くなり、パンチ・ダイ面の面粗さを良くするとともに、ダイにはノックアウトを組み込む必要がある。

　②エンボス加工と組み合わせる

　3工程になるが、**図6.25**に示すような工程で加工することで、高さを稼ぐことができる。絞り加工と組み合わせれば、さらに自由度の高い形状が得られる。

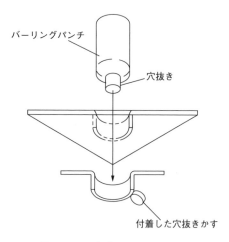

バーリングパンチ

穴抜き

付着した穴抜きかす

図6.26　穴抜きかすの付着

③下穴を小さくする

縁の割れとの関係もあり、大きな期待はできない。

⑶ 下穴、バーリング同時加工で、穴かすが残る

図6.26に示すような現象である。

不具合対策

①パンチ切刃管理

この方法は、ダイのない状態で穴を突き抜き、バーリングへ移行する加工のため、穴抜きパンチの切刃が傷むとバーリング縁に穴抜きかすがついて残る。この対策としていろいろな提案がなされているが、決定的なものはなく、穴抜きパンチの早めのメンテナンスが効果的である。

②注意事項

M2.6以下のタップ用のバーリングをこの方法で加工すると、穴抜き時の圧縮で穴かすがパンチ先端に圧着されてとれなくなり、別の問題を誘発するなど課題が多い加工である。

そのようなわけで、工程を短くしたい単発加工には向いていると思うが、順送り加工などの自動加工では採用を推薦できない。

⑷ バーリング後タップ加工をするとフランジがちぎれる

図6.27に示すような現象である。

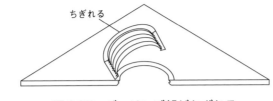

ちぎれる

図6.27　バーリング部がちぎれる

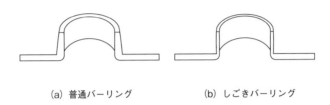

(a)　普通バーリング　　　　　　(b)　しごきバーリング

図6.28　バーリングの外観

不具合対策

①普通バーリングで加工する

バーリングには、普通バーリングとしごきバーリングがある。**図6.28**に示すような外観となる。普通バーリングはバーリングのクリアランスを材料板厚にとるため、バーリングフランジの根元の板厚は元の板厚とほぼ同じとなる。そのため、タップ加工をしても根元が強く先端に行くほど弱くなる傾向があり、状態としてはよい。

②しごきバーリングで加工する

材料板厚の60～70％のクリアランスで加工するため、フランジの外形・内径ともきれいに仕上がる。この形状は、位置決め用のボスやバーリングかしめの目的で採用するにはよいが、タップ用として採用すると、フランジの厚さが薄くなっているため、強度不足となり割れることがある。

⑸ バーリング加工後タップ加工すると糸状のバリが出る

図6.29に示すような現象である。この原因は、タップ加工の最終端がバーリング縁と干渉し、半円程度が欠落して発生するものである。

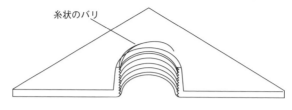

図6.29　タップ加工でのひげバリ発生

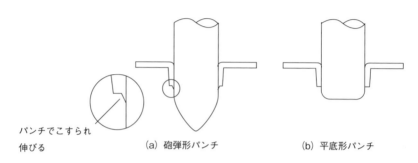

図6.30　バーリング端のパンチ形状の影響

不具合対策

①パンチ先端形状を平底形状にする

　バーリングパンチ先端形状が砲弾形になっていると、バーリングされた形状が図6.30に示すように内径フランジ先端に尖った形状ができる。平底パンチにすることで尖りを軽減できる。

②バーリング下穴を面取りする

　図6.31に示すように、タップ加工の最終端を角にしないようにして半欠けができないようにする。

③バーリング後に内径に面付けをする

　上記の②と同じ効果を期待するものである。

6.2.6　カーリングでの不具合と対策

⑴カーリングできれいな円とならない

　写真6.13に示すような現象である。

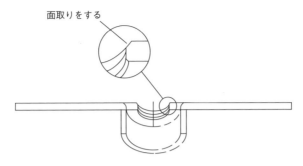

図6.31　バーリング下穴の面取り

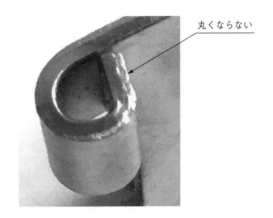

写真6.13　きれいな円とならない

不具合対策

①予備成形を入れる

図6.32に示すような予備成形を入れないと、カール先端が直線的になり形状がきれいにならない。カーリングは材料の座屈を利用して形状を作るが、先端部の形状成形をするには無理があり、この部分のみ予備成形で作っておかないといけない。

②バリ面の制御

バリ面が内側になるように巻く。

(2) カーリングで側壁が変形する

図6.33に示すような現象である。

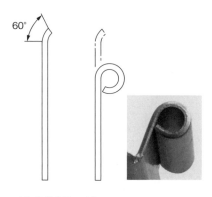

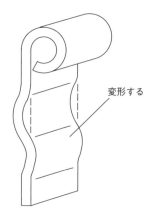

変形する

(a) 予備成形　(b) カール

図6.32　予備成形を入れる

図6.33　側壁が変形する

不具合対策

①予備成形を入れる

カーリングは、材料がパンチ面に沿って座屈変形して形状を作る。このとき予備成形がないか、予備成形が小さい状態でカーリングに入ると軸圧が高くなり、思い通りのところで座屈せずに変形が出ることがある。予備成形の円弧角度は45度程度では少なく、60度以上がよい。

②カーリングパンチの面粗さ

図6.34に示すように材料の滑り面であるため、できるだけきれいに磨いておく。少し前まで問題がなかったようなときは、パンチ面に摩耗による線状の凹みができることがある。このような摩耗部分がなくなるまで磨く必要がある。

③材料保持を確実にする

カーリングのときには図6.35(a)のように、絞り製品のカール成形では図6.35(b)のように、軸圧でカール成形部分以外が座屈しないようにガイドする。

(3) カーリングで粉が出る

不具合対策

①パンチ面の見直し

パンチ面には常に同じ位置に大きな力が加わるため、当たり箇所が摩耗して溝ができる。このようになると変形抵抗が増し、摩耗してできた溝部分で材料の削り粉が出ることがある。パンチ面の形状の再生と面のみがきを行う。

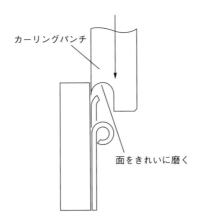

図6.34　パンチ滑り面の磨き

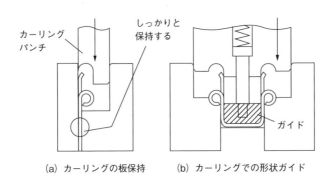

（a）カーリングの板保持　　（b）カーリングでの形状ガイド

図6.35　カーリングでの座屈対策

②材料のバリをなくす

　製品となる材料にバリがあると、カーリング過程で脱落して粉状のものが金型に溜まる。

(4) カーリングで割れる

写真6.14に示すような現象である。

不具合対策

○カーリング形状の段差

　カーリング形状に段差があると、座屈変形の連続性が段差部分で阻害され、段差部分は予備成形のない状態でカールが再スタートするような形となる。再ス

割れ

写真6.14　カーリングで割れる

タート部分は丸くならず、直線を維持しようとするため変形抵抗にずれが発生し、そのずれ力が段差部分にせん断力として働き割れる。この現象を金型でうまくコントロールすることは難しい。割れを容認するか、段差をなくすことが対策となる。

6.2.7　成形加工で製品表面にきずができる

写真6.15に示すような現象である。原因は製品材料が型の面上を滑り、移動することによって生じる。主な発生原因となる金型の部分としては次の事項が挙げられる。

①ダイ肩

②ダイ、パッドおよびストリッパ表面

③パンチ表面

④絞りビード周辺

不具合対策

①型の面をきれいにする

材料が滑る面を、できるだけきれいに磨くことである。金型の面は使用が進むにつれて劣化するが、抜きバリのように顕著に現れないため、気がついたときに

写真6.15　成形加工によりきずができる

はかなり型の面が荒れていることが多い。加工数を決めて点検するなどの対応が
望まれる。

②加工油の塗布

金属と金属の直接接触が摩耗や焼付きを発生させる。加工油は、材料と金型間
に油膜を形成して接触を防ぐ。油膜は、成形加工時の圧力によって破壊されない
強さのものを使用する。

③金型凹凸面をスムーズなラインとする

ダイ肩や成形パンチ・ダイの凹凸部分の丸み部分が角張っていたりすると、そ
の部分からこすれてきずが発生する。このような部分がないように、形状を観察
して滑らかなラインとなるようにする。

④押さえ力の調整

パッドやストリッパの押さえ力が強過ぎても油膜切れを起こしやすくなり、き
ず発生の原因となる。

⑤ビニールフィルムの使用

材料面にビニールを貼ることで、材料と型とが接触しないようにする。

⑥防塵

砂埃などが舞い込まない環境にすることである。

⑦バリ対策

　成形によってブランクのバリが落ち、それを巻き込むことでかじりの原因を作ることがある。バリを管理して、バリの少ないブランクを使用することである。

⑧金型清掃

　金型の保管中にも、外部から埃が入り込む余地がある。金型の清掃をすることで、このようなことを防止できる。また、清掃は金型状態の点検ともなり、金型のひび割れやきずの発見もできる。

⑨型材質の検討

　ステンレスなどの成形では、油などの対策では寿命が短いこともある。材料強度の関係から、高い面圧となることが原因である。このようなときには、特殊な銅合金（AMPCO、HZ など）を使用することも考える。

⑩金型表面処理

　適正と思える金型材質を焼入れ、表面磨き、形状の適正化および潤滑などを行ってもきずが早く発生するものについては、金型表面の硬化や摩擦力軽減などを目的とした表面処理を施すことも検討する。

第7章

絞り加工のトラブル対策

7.1　絞り加工の基本

⑴ 絞り工程

　絞り加工は、平板なブランクから容器形状を作る加工である。**写真7.1**は円筒絞り加工の工程例である。絞りの加工限界の関係から、絞りは数回の加工によって目的の絞り径が作られる。

　この際のパンチRとダイRは、絞り加工に不具合が生じない大きさに決められるため、絞り径が製品径になってもパンチRとダイRはともに大きい状態にある

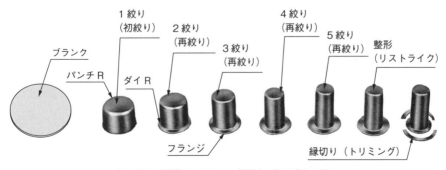

1回で絞れる限界があるため、限界内で径の減少を図る

写真7.1　一般的な円筒絞りの加工工程

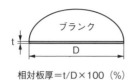

工程ごとの絞り率
1絞り　　　　m1=0.5〜0.6
2絞り　　　　m2=0.75〜0.8
3絞り以降　　mn=0.83〜0.9

相対板厚＝t/D×100（％）　　m：絞り率（数字は工程を表す）

(a) 相対板厚と絞り率

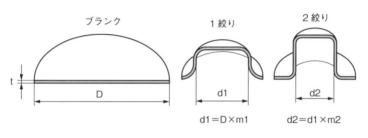

d1=D×m1　　　　d2=d1×m2

(b) 工程の絞り径計算

図7.1　円筒絞りと絞り率・絞り比・相対板厚

ことが多い。その修正や外観を整える目的で整形工程（リストライク）を入れ、製品図形状・寸法に仕上げることが多い。その後、絞りの縁をトリミングして完成となる。

(2) 絞り形状各部の名称

　絞りの状態を話し合うときに各部の呼び方が異なると、情報伝達がうまくいかないことがある。情報交換をスムーズにする狙いから、絞り形状各部の名称を写真7.1に示した。

7.1.1　絞りの加工限界と難易度（円筒絞りの例）

　円筒絞り加工は、ブランク計算をした後に絞り工程の検討をするが、それに先立って絞り加工の難易度をチェックする。図7.1(a)で、絞り加工の難易度と絞りの工程設計について説明する。

　加工判断は相対板厚で判断する。板厚とブランク径から「相対板厚」を求める。通常の絞り製品では、相対板厚は0.1〜2.0％の間にあることが多い。

　絞り加工はこの数字が小さいほど難しく、0.1％近くまたはそれ以下になると、しわと割れが同時に発生したりする。2〜3％程度になると加工は容易にな

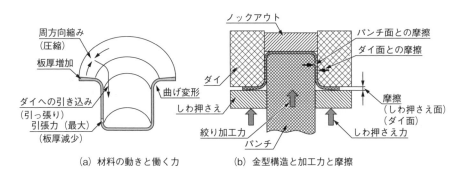

(a) 材料の動きと働く力　　　(b) 金型構造と加工力と摩擦

図7.2　円筒絞り加工

り、条件によってはブランクからの絞りにしわ押さえがなくても加工できる。さらに大きくなると、絞ることができずにパンチで材料を突き抜くようなことも起こる。

相対板厚で絞り加工の難易度を知り、次に絞り率を用いて絞り回数を決める。絞り率（m）は絞りの限界を表すもので、1絞り、2絞り、3絞り以降で使用する数値の範囲が決まっている。その数値は「工程ごとの絞り率」として示したものである。絞り率は材質ごとに違いがあるが、ここに示した内容で多くの材料に利用できる。

絞り径の求め方を説明すると、絞り径はパンチ径で求める。絞り径は、相対板厚の数値が小さければ絞り率は大きな数値を採用し、小さければ大きな絞り率を採用する。例として1絞りの絞り率の求め方を示すと、1絞りの絞り率m1 = 0.5 ~ 0.6より選択せよとなっている。

相対板厚が0.1%近くのときにはm1 = 0.6を、相対板厚が2.0%近くであればm1 = 0.5を採用する。採用した数値を図7.1(b)の計算式に代入して計算し、パンチ径を求める。これを繰り返して計算値が、製品内径より小さくなったときの計算回数が絞り回数である。

7.1.2　円筒絞り加工

ブランクから円筒絞りをするとき、材料の動きと加工時に働く力を示したものが図7.2(a)である。また、金型構造と加工時の摩擦などを示したものが図7.2(b)である。

各部の動きが均等なため楕円形状は同じとなる

（a）フランジ部の材料の動き

板厚の増加増加

（b）板厚の増加

写真7.2　絞りに伴うフランジ部の材料の動き

　ダイ上のブランクは、パンチによってダイ内に引き込まれる。最大の引き込み力は材料のパンチR上部に働く。この引き込み力によって、ダイ上の材料は中心方向に移動してダイRで曲げ変形を受け、多少の板厚変化を伴いながらダイ内に流入して形を作る。ダイ上のブランクは、中心方向への移動とともに周方向の圧縮を受ける。

　加工は、

　　　引き込み力　＞　加工抵抗（材料の変形抵抗＋しわ押え力

　　　　　　　　　　　　　　　＋各部摩擦力＋曲げ変形力）

によって成り立っている。加工抵抗が引き込み力より大きくなると、パンチR上部から破断するほか、しわ押さえ力が材料の周方向への圧縮力より小さいと、材料は座屈してしわが発生する。

　写真7.2(a)は、ダイ面を移動する際の材料の動きを見たものである。丸形状のマークが楕円となっているのは、楕円長軸方向に引張力が、短軸方向には圧縮力が働いていることを示している。フランジ面上の各部の丸形状の変形が同じ楕円となっているのは、引き込みのバランスが取れていることを意味している。

　写真7.2(b)は、加工に伴う板厚の増加を示している。この増加は、最大で板厚は30〜40％程度となる。この変化は製品の寸法公差を超えることが多く、絞り加工を行いながら板厚もコントロールする必要がある。そこで、しごきを伴いながら絞るしごき絞りにより加工することで、側壁板厚を調整する。

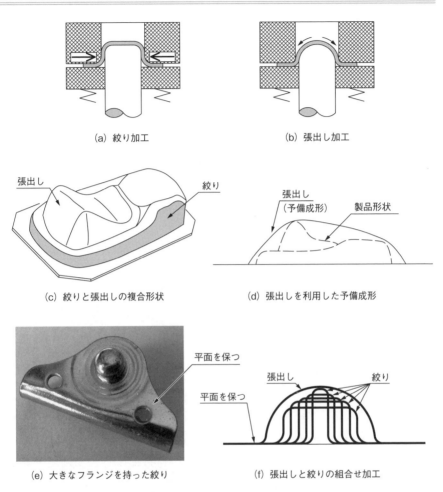

(a) 絞り加工

(b) 張出し加工

(c) 絞りと張出しの複合形状

(d) 張出しを利用した予備成形

(e) 大きなフランジを持った絞り

(f) 張出しと絞りの組合せ加工

図7.3　張出しを利用した絞り加工

7.1.3　張出し加工

　絞り加工は、材料を縮む方向に移動させて（集めて）立体的な形状を成形する（図7.3(a)）。一方の張出し加工は、材料を伸ばして表面積を広げ、つなぎ目のない立体的な形状を成形する加工である（図7.3(b)）。つなぎ目のない立体形状を絞りと見なす傾向にあるが、張出しを活用しないとうまくいかない製品形状も多くある。

⑴ 絞りと張出しが混在する製品

　図7.3(c)の形状は、絞りと張出しが組み合わさった形状の例である。このような形状を絞りととらえて一気に加工すると、尖った部分をパンチ先端で強く引っ張る形となり、材料の伸び限界を超えてこの部分が破断し、絞れないことが多い。

　絞りと張出しが組み合わさった形状では、張出しを主体に絞り要素も取り入れた予備成形で図7.3(d)のような形状を作り、次工程の成形に必要なボリュームを確保して全体の加工バランスを取り、形状加工をすることが多い。予備成形における張出し加工のポイントは、張り出した形状の一部に板厚の薄い部分ができないようにすることである。薄い部分があると、次工程での製品形状を成形する際に、薄くなった部分が局部伸びを起こして破断することがあるためである。

⑵ 大きなフランジを持つ形状の成形

　図7.3(e)の製品は大きなフランジを持ち、フランジの面状態も確保したい製品の例である。このようなフランジ面状態を確保する必要がある製品では、製品の凸形状に必要なボリュームを張出しで確保し、張り出した形状を絞り加工して凸形状を作る。加工工程のイメージは図7.3(f)のようになる。このときの張出しは、フランジ面からの材料の流れ込みを極力抑え、張出し要素のみで形状を作らないと、フランジ面にゆがみが出て平坦度を悪くする。

7.1.4　パンチRとダイRの関係

　再絞り加工では、これから絞ろうとする形状のパンチR部分がダイRに接するが、この関係が悪いと絞り加工に影響する。図7.4(a)は正常な接し方をした絞り途中の材料の動きを示している。絞り前のパンチR形状がダイRに馴染み移動している。

　一方で図7.4(b)では、絞り前のパンチR形状とダイRとの接し位置が高い。この状態でパンチが材料をダイ内に引き込もうとすると、水平分力が大きく働いて加工途中の材料はダイ上に「溜まり」となって膨らみ、引き込み抵抗になることがある。溜まりが一定状態で維持されればよいが、成長するときにはうまく絞れず底抜けなどの不具合現象を起こす。

　底抜けの不具合が発生したときには、パンチRとダイRに対するチェックとともに、ここで説明したパンチRとダイRの関係についてもチェックするとよい。できれば、金型設計段階でチェックしておきたい。

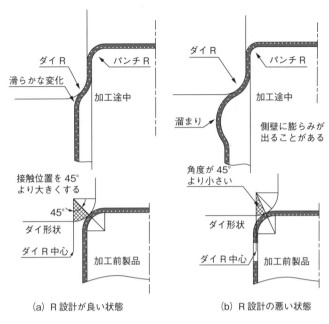

（a）R 設計が良い状態　　　　　　（b）R 設計の悪い状態

図7.4　パンチRとダイRの関係

7.2　円筒絞りのトラブル対策

7.2.1　しわ

(1) フランジしわ

　フランジしわは、ブランクから行う最初の絞り加工で発生する。**図7.5**に示すように、全周に出るものと部分的に発生するものがある。しわの発生はダイ内への材料流入の大きな妨げとなり、絞りを進めることができなくなる。

　ブランクからの絞り条件を**図7.6**(a)で確認する。プレス機械に取り付けられた金型は、ダイとしわ押さえが平行であることが必要である。ただし、しわ押さえは図7.6(b)に示すように、絞り加工に伴って、ブランク外周の板厚が厚くなるため、ブランク面を均等に押さえているかは明確ではない。しかし、しわ押さえがブランク面に、適切に働くようになっていることが必要である。

（a）全周に出るフランジしわ

（b）部分的に出るしわ

図7.5　フランジしわ

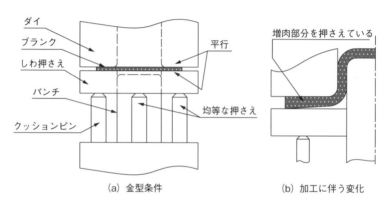

（a）金型条件　　　　　　　　　　　（b）加工に伴う変化

図7.6　ブランクの絞り条件

　この条件を満たしていて、しわ押さえ力が弱いときに全周にしわが発生する。
その場合は、押さえ力を強くすればよい。まれに、しわ押さえのプレート厚が薄
く、しわ押さえ力を上げると変形してしわ押さえの働きをせず、しわが発生する
こともある。

　部分的にしわが発生する現象は、均等にしわ押さえが働かないことが原因であ
る。その要因はいくつかあり、代表的な要因を**図7.7**に示した。

　図7.7(a)は、クッションピンの長さの不揃いなどを原因とするものである。ピ
ン間隔が広く、ピン部分とピン間の中間とに差ができるようなことが原因するこ
ともある。

　また図7.7(b)に示す平行度不良は、①金型取り付けの不具合、②プレス機械ス
ライドの傾き、③しわ押さえやダイなど金型を構成するプレートの厚さが左右で
違う、などの原因が考えられる。図7.7(c)は、①ブランク材に部分的に大きなバ

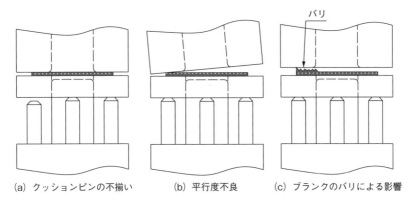

(a) クッションピンの不揃い　　(b) 平行度不良　　(c) ブランクのバリによる影響

図7.7　しわ押さえのバランスを崩す要因

写真7.3　口辺しわ

リがある、②ブランク材の板厚が部分的に違うなどを原因とする要因である。

(2) 口辺しわ

写真7.3のような絞り縁に発生するしわである。原因はダイRが大きいことにある。ブランクから絞るときのダイRは板厚の4〜8倍程度にとるが、これが大き過ぎたときに発生する現象である。

図7.8で説明すると、図7.8(a)はしわ押さえが働いて、ブランクは拘束されているのでしわは出ない。図7.8(b)で、ブランク縁がしわ押さえから外れた途端に拘束が解かれ、しわが発生する。拘束が解かれても、材料剛性でしわが発生しないところまでダイRを小さくする。

写真7.1で示したように通常の円筒絞りでは、初絞りでほとんどフランジは残

219

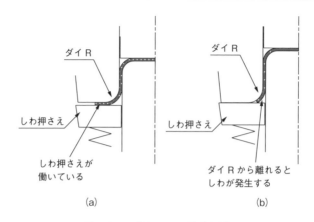

図7.8　口辺しわの発生過程

写真7.4　側壁のしわ

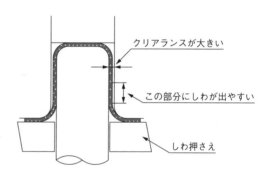

図7.9　側壁しわの原因

らず、2絞り以降でフランジが作られていくことが多い。したがって、初絞りで口辺しわができると後工程に進めない。

⑶ 側壁のしわ

　写真7.4に示すように、側壁部分に発生するしわである。側壁のしわはダイR下から側壁にかけて発生する。このしわの発生原因は絞りクリアランスが大きいことにある。

　普通絞りでは絞り過程での板厚増加を見込んで、クリアランスを材料板厚より最大で40％ほどまで大きくするが（初絞りのとき）、それ以上にクリアランスを大きくしたときに発生する（図7.9）。ブランクのしわ押さえが強く働いているときは発生しないが、拘束が弱くなると発生するしわである。

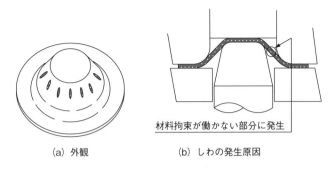

(a) 外観　　　　　　(b) しわの発生原因

材料拘束が働かない部分に発生

図7.10　テーパ絞りのボディしわ

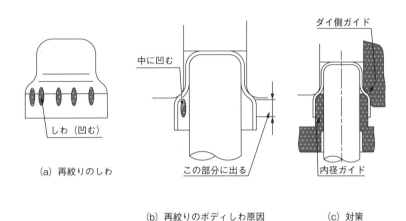

(a) 再絞りのしわ

しわ（凹む）

中に凹む

この部分に出る

ダイ側ガイド

内径ガイド

(b) 再絞りのボディしわ原因　　　(c) 対策

図7.11　再絞りのボディしわ

⑷ ボディしわ

①テーパ絞りのボディしわ

テーパ絞りでは、絞り加工途中で材料拘束が斜面部分に働かないために、しわが発生する（**図7.10**）。原因として、しわ押さえが弱いことが考えられるが、対応には限界がある。相対板厚が小さい条件の加工では、工法を変更しないと改善しないこともある。

②再絞り加工のボディしわ

図7.11は、再絞りで発生するボディしわである。原因は図7.11⒝に示す製品内側とパンチ間の隙間に、絞り加工中に座屈することにある。一般的には、図

写真7.5　底抜け

7.11(c)に示す内側ガイドをつけることで対策できる。しかし、相対板厚が0.1％に近い加工の場合はこれだけでは不足で、ダイ側から外形を拘束するガイドも必要になる。

7.2.2　割れ

(1) 底抜け

　割れの中の最も典型的な例であり、大部分の割れは底の部分R（パンチR）の終わり（側壁部との境界）部分で横に割れる（**写真7.5**）。これは絞り始めから終わりまで、この部分に最も大きな引張応力が作用し続けるため、この力をやわらげる方法を考えればよい。

　主な要因としては次の事項が考えられ、これらについて対策を立てればよい。

　①絞り率が小さい。材質と相対板厚を考慮した絞り率とする

　②クッション圧が強い（しわ押さえが強い）

　③ダイおよびしわ押さえの面が粗い

　④ダイおよびパンチのRが小さい、形状が悪い

　⑤絞り速度が速い

　⑥絞り油が少ない、油膜切れ、潤滑性が悪い

　⑦前工程の絞り高さが低い

(2) フランジR部の割れ

　この割れは、ダイR部分での曲げ変形に伴う板厚減少によって発生する（**写真7.6**）。ダイRが小さい、R形状が角張るなど形状が悪い場合や、フランジが部分

割れ

写真7.6　フランジR部の割れ

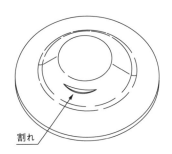

割れ

図7.12　ボディ割れ

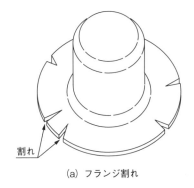

割れ

(a) フランジ割れ

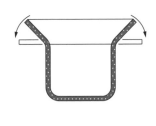

(b) 割れの原因

図7.13　フランジの割れ

的に大きく絞り限界を超えてしまうようなときに発生する。

(3) ボディ割れ

　テーパ絞りのような加工で、斜面部分のしわ対策としてのフランジの押さえを強くし過ぎたときに、引張力が強く働いて破断するものである（**図7.12**）。

(4) フランジの割れ

　図7.13(a)のように、フランジの縁が裂けるように割れる現象である。フランジ部分が加工硬化によって伸びが足らなくなり、割れるものである。中間工程の絞りで、図7.13(b)のようにフランジを立てて加工してきたものを、リストライクで平らにしようとするときによく発生する。中間絞りで、フランジをあまり立てないようにすることにより対策できる。

223

写真7.7　側壁がたてに割れる

写真7.8　不純物による割れ

(5) 側壁が縦に割れる

　置き割れ、時期割れまたは遅れ割れ、シーズンクラックなどとも呼ばれる割れの現象である（**写真7.7**）。プレス加工後、しばらくして（翌日や長いものでは数カ月後に）割れる。または製品を低温状態にして、ショックを与えると割れる。加工に伴う残留応力が、材料面にある微小なきずに作用して割れると考えられている。特に黄銅やステンレス材に発生しやすく、このほか銅合金やアルミニウム合金などでも発生することがある。

　対策としては、絞り条件をゆるくして絞る。しごき加工を加えるのもよい。加工後にひずみ取り焼なましを行うのが最も安全である。

(6) 不純物による割れ

　圧延時に材料の中に不純物が入り、これが圧延方向に沿って内部に残っているため、圧延方向に沿って割れが発生する（**写真7.8**）。偶然に混入したものでなく、混入率が高い場合は材料ロット全体を不良品として処分しないと、後で問題を起こす危険がある。また、圧延時のロールきずやロール目が著しい場合にも発生することがある。

7.2.3　形状・きず不良

(1) 耳の発生

　この異常は、絞り縁または絞りフランジに4カ所の高い部分が発生する現象で、耳または方向耳と呼ばれる（**写真7.9**）。材料の圧延方向、直角方向などの方

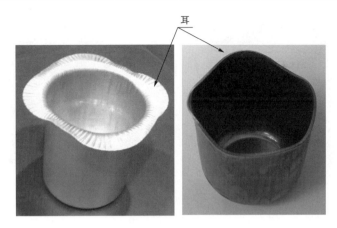

写真7.9　耳の発生

向によって材料伸びが異なる異方性が原因である。絞り加工上での対策として
は、ブランクの形状を変える、しわ押さえの当たりの強さを変えるなどで、伸び
のバランスをとる方法もあるが、耳の発生を許容して変形したものを縁切り（ト
リミング）して形状を整える方法が一般的である。

　多工程絞りの場合、耳の発生が原因で位置決めなどに不具合が生じる場合は、
中間でも縁切りをするかフランジを残しておくとよい。異方性以外の原因とし
て、しわ押さえが薄く、クッションピンの位置部分が強く押えられ、その部分が
伸ばされて多角形状になることもある。

(2) 絞り縁が傾く

　写真7.10に示すような縁の部分が傾く原因と対策は、次の通りである。

　① ブランクの位置決め不良

　ブランクが絞りパンチに対して、ずれて置かれている。ブランクとパンチの芯
を正しく合わせる。

　② クリアランスの片寄り

　パンチとダイのクリアランスを均一に正しく合わせる。

　③ しわ押さえとダイの平行度不良

　しわ押さえ圧のバランスが悪く、材料の流れ込みが異なる。

　対策としては、フランジしわのフランジの一部にしわが出る場合の対処に準ず
る。

写真7.10　絞りの縁が傾く　　　　　　　写真7.11　絞りの底が凹む

(3)絞り底が凹む

　ダイに製品が食いつき、ノックアウトでの取り出しが困難な場合に、絞り底が凹むことが多い（**写真7.11**）。原因と対策は次の通りである。

　①ダイRが大きく、材料が流れ込みやすい

　対策としては通常のダイRより思い切って小さくする。

　②クリアランスが小さい

　対策として、クリアランスを板厚より10～15％プラスさせる。

　③ダイ側壁のストレート部が長い

　対策としてはストレート部の後方を逃がす。

　④底突き加工のため底に近い部分が横へ張り出して食いつく

　対策としては、前工程との材料のボリュームバランスをやや不足状態にする。

　⑤ダイとの滑りが悪い

　ダイのR部および直線部分の表面粗さを良くし、滑りやすくする。

　ダイの材質を超硬合金に変更することや、表面にTD処理その他を行うのもよい。また、絞り油を潤滑性の良いものに変えるのもよい。いずれにしろ力ずくで外すのではなく、ダイとの拘束力を下げることに努めるとよい。

　⑥スライド上昇時、パンチが製品から抜ける際に内部が真空になって凹む

　対策としては、パンチに空気穴をあければよい。

　⑦製品とノックアウト間の油が逃げず、油を介して面が押され凹む

　対策としては、粘性の低い絞り油を用いるほか、ノックアウトの周辺に切込みをつけて油を逃がすなどがある。

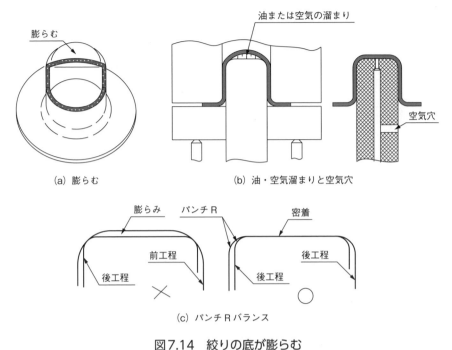

(a) 膨らむ

(b) 油・空気溜まりと空気穴

(c) パンチRバランス

図7.14　絞りの底が膨らむ

⑷ 絞りの底が膨らむ

底の部分が凸状に膨らみ、平坦にならない（**図7.14**(a)）。原因と対策は次の通りである。

①パンチと製品の間に残った油や空気が圧縮されて材料を押し上げる

対策としては、パンチに空気抜きの穴をあければよい（図7.14(b)）。

②絞り工程のパンチRと位置不良

各絞り工程において、底の部分の直線部は常に前工程を長くする。パンチRもそのように設定しなければならない。しかし、逆になると材料が余り、これが膨らみとなる（図7.14(c)）。

③絞り高さのアンバランス

前工程と後工程の絞り高さのバランスが悪く、絞り部分の材料が余ると底の部分を引っ張らない。特に最終工程での絞りやリストライクでは、わずかに材料を引っ張るように高さを調整する。

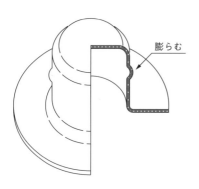

膨らむ

図7.15　側壁の膨らみ

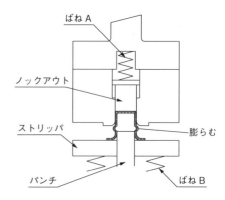

ばね A

ノックアウト

ストリッパ

膨らむ

パンチ

ばね B

図7.16　絞り側壁が膨らむ原因

④底の面押しが弱い

最終絞りやリストライクでは、ノックアウトで底突きをするとよい。

(5) 側壁部の膨らみ

図7.15、図7.16に示すように絞り加工後のパンチ戻り工程で、製品はばねA
とばねBのはさみ力によって座屈し、膨らみを作る。

対策としては、ばねAとBのバランスを取り直すことである。それが難しいと
きには、ばね式のノックアウトでなく、機械式またはタイミング調整可能なエア
シリンダなどによるノックアウトとする。

(6) 絞り底部の内径が大きくなる

深絞り加工で、板厚に比べて絞り直径が比較的小さい場合（D＜20t）、底の部
分の内径が開口部より大きくなり、この部分の板厚がマイナスすることが多い
（図7.17）。

この原因と対策は次の通りである。

①再絞り工程が多い場合

再絞り工程が多く（3〜5工程）なると、パンチR部分で板厚が減少した部分
が側壁へ移動し、内径が大きくなる。絞りではダイに形状がならうため、板厚減
少した影響が内径に現れる。

対策は、パンチRをできるだけ大きくして、パンチR部分での板厚減少を抑え
るとともに、ダイRも大きくして引き込み抵抗を減らすことである。これらは、
絞り条件の改善など割れ対策の応用である。

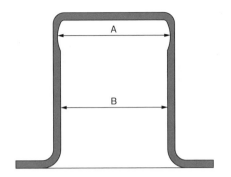

図7.17　底部の内径が大きくなる

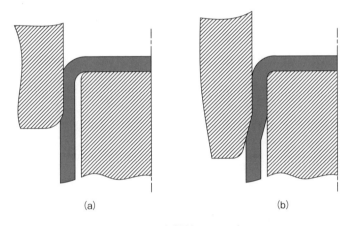

(a)　　　　　　　　　　　　　　(b)

図7.18　底部絞りの工夫

　②絞り直径が小さく、絞り率が大きい場合

　絞り直径が板厚に比べて小さく、絞り率が大きくなると、ダイR部で絞るための曲げ変形力がしごく力より大きくなり、絞られずにしごかれてしまう（**図7.18**(a)）。その後、絞り径の縮小が起こるため、絞り内径のパンチR付近に袋状の形状ができる。

　この対策としてはダイのRを大きくするか、図7.18(b)に示すようなRでなくテーパ状にするなどのほか、製品形状で許されるならパンチRを大きくするとよい。特に絞りダイの直径が、前工程の絞りの内径より大きな場合（絞り率が0.9を超える）は要注意である。

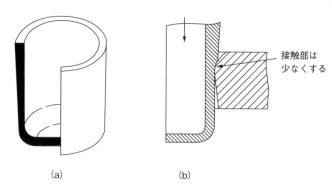

接触部は
少なくする

(a)   (b)

図7.19　側壁板厚の変動と対策

(7) 側壁の板厚が変動する

　図7.19(a)に示すように普通絞りでは板厚の増加を考慮して、クリアランスを板厚より大きくとって加工するため、絞り縁やフランジ部の板厚が素材厚さより厚くなり、底に近い部分で薄くなって全体がテーパ状になるのは自然な現象である。これを均一にするには、クリアランスを板厚より小さくして、全体にしごきを加える必要がある（図7.19(b)）。通常の加工では、しごき加工はリストライク工程とその前数工程でしごき絞りとして行う。

　SUS材などでは、加工硬化によってリストライク工程近くでのしごき絞りが厳しくなるときには、加工硬化の少ない初絞り工程からクリアランスを小さくして、板厚の増加を抑えたしごき絞り加工とすることもある。また工程数が少ない加工では、絞り率を大きめにしてダイRを極端に小さくし、1絞りを行って全体を薄くして加工することもある。

(8) 偏肉

　偏肉は、クリアランスの片寄りや途中工程での材料の傾きなどが主な原因である（図7.20(a)）。プレス機械の精度・剛性、金型段取り時の芯合わせに注意する。また、途中工程での傾き対策はブランクホルダでガイドするとよい（図7.20(b)）。

　偏肉は、同軸度や真円度などの精度への影響やトリミングをピンチトリムで行うときなどに影響するため、極力小さくすることが望ましい。

(9) 側壁部に段差ができる

　原因としては、プレス機械のガタや仕事能力不足による加工速度の変化、しごきによる影響などが考えられる（図7.21）。対策としては、プレス機械はスライ

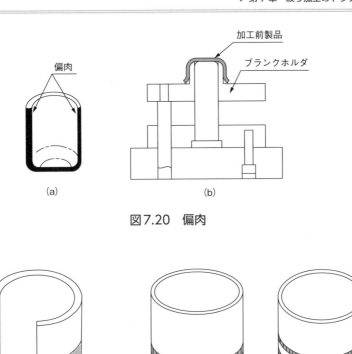

図7.20　偏肉

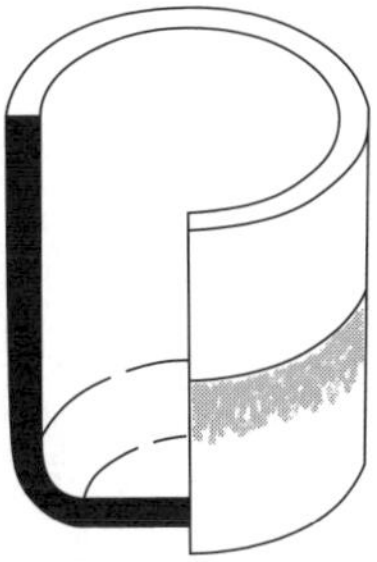

図7.21　側壁に段差ができる　　　図7.22　側壁のリングマーク

ドにガタのない、剛性の高いプレス機械を選ぶ。

　しごき加工の影響としては、しごき抵抗が大きくなったときに、加工した部分が伸びて板厚減少を起こして段差ができる場合と、しごき抵抗にダイが負けてダイリングが膨らみ、径が大きくなることがある。どちらも、しごき抵抗を減らす工夫が必要である。

⑽ **側壁のリングマーク**

　絞り加工品の側壁部にリング状の凹みがつくのは、ショックマーク（ショックライン）と呼ばれるものでいくつかの発生原因がある。

　①降伏点伸び（ストレッチャストレイン）

　図7.22(a)に示すような幅のある薄いひずみ模様ができるもので、軟鋼板の加工で現れる。材料に降伏力以上の力が働いたときに発生する。対策としては、材

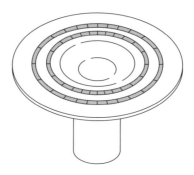

図7.23　フランジのリングマーク

料にスキンパス圧延をかけるか、加工直前にレベラを通してから加工することである。

　②パンチR部での板厚減少が加工の進行に伴って現れる

　図7.22(b)に示すような現象への対策としては、パンチRを大きくする。工程間のパンチRのバランスをとり、パンチR部分の急激な変化を避けることである。薄いリングマークであれば、リストライク工程でのしごき加工で消すことができる。絞り速度を遅くすることは、①・②両方の現象を改善するのに有効である。

(11) フランジのリングマーク

　フランジにリング状のマークが残るのは、再絞り工程でのダイR部で生じる曲げ変形に伴う板厚減少のためである（**図7.23**）。特にフランジの面積が大きく、絞り工程が多い場合で、再絞り工程ごとにフランジを平打ちしながら加工する場合に生じやすい。対策としては、

　①各工程のダイのRを大きくする

　②ダイRは角張った凸部がないよう滑らかにつなぐ

　③再絞り各工程のフランジRは滑らかに積み上げるようにつなぐ

　④再絞り各工程で必要以上にフランジを平打ちしない

などがあり、この中で②と③が重要である

　できてしまったリングマークを、後工程で消すことはほとんどできない。

(12) 絞りきず・打痕

　図7.24(a)に示すように、絞りきずは製品外径とダイの間での軽いかじりや焼付きによるものであり、ひどくなるとむしり取ったようになる（図7.24(b)）。

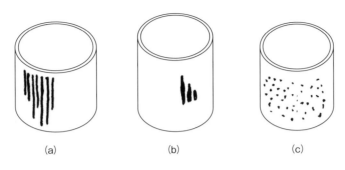

図7.24　絞りきず・打痕

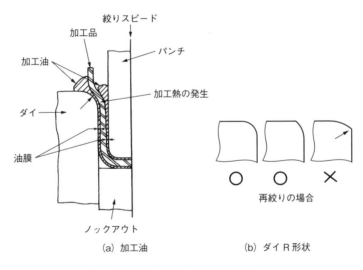

(a)　加工油　　　　　　　　(b)　ダイ R 形状

図7.25　焼付き摩耗の要因

　絞り加工では、ダイと材料の間には常に絞り油があり、直接接触しないことが
望ましい。この油膜が切れて直接触れ合うと焼付きを起こす。
　油膜切れの原因としては、次のようなことが考えられる（**図7.25**）。
① 油量が少ない
② 加圧力に比べて油膜が弱い
③ 発熱により油が劣化する
④ 接触長さが長く途中で切れる
⑤ ダイの面粗さが粗く、凸部で直接接触する

⑥加工速度が速く、油膜がもたない

⑦バリやごみなどの異物が入り、この部分が直接接触となる

⑧ダイRの形状が悪く、曲率半径の小さな部分で接触圧が高くなる

対策としては被加工材に合った絞り油を見つけ、これを適当な方法で塗布することと合わせて、ダイのストレート部の逃がしと面の改良に特に注意するとよい。

また摩耗対策の必要性が高まっている。その理由として次の事柄が挙げられる。

①製品のコストダウンを図るため、1つの部品に多くの機能を持たせるため複雑になっている

②製品の高級化や付加価値向上のため精度が向上し、外観も厳しい

③後工程の溶接や組立を自動化するため製品の精度を要求される

④プレス加工の自動化、高能率化のため高寿命を要求され、省人化のための信頼性も求められる

⑤自動車部品では軽量化とコストダウンを目的に、高張力鋼板など絞りにくく金型の消耗が激しい材料が増えている

⑥表面処理鋼板などは加工後そのまま使用するため、きずなどを厳しく制限される

このような背景から、製品の用途や機能、生産数などを考え、型材質の高度化と熱処理、表面硬化処理などの必要性も高まっている。特殊な場合は焼入れした鋼だけでなく、超硬合金に表面硬化処理を行う例もある。

図7.24(c)に示す打痕は、順送り加工などで下向き絞りを行ったときに発生しやすく、上向き絞りではフランジに発生しやすい。原因は材料のスリッターバリおよび抜き部のバリ、二次せん断部のタングなどはダイとしわ押さえでこすり取られるようにして、はく離したものなどが下型のダイ面やノックアウト上に残るためである。黄銅やステンレス、表面処理鋼板などの素材で多く発生する。

対策としては抜き部のバリ取りが重要であるが、絞り工程としては下記の対策が有効である。

①加工上必要のない金型の面を逃がし、接触部分を少なくする（特にランス抜き部など）

②粘性の低い絞り油（水溶性絞り油などがよい）を多量に用い、ノックアウトの外周を逃がして下方へ洗い流す（図7.26）

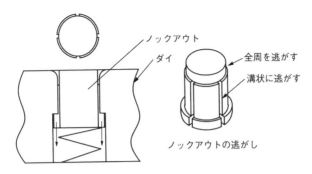

図7.26　絞りきず・打痕対策例

③ダイ入れ子をダイプレート上面より高くする

7.3　角筒絞り・異形絞り

7.3.1　角絞り加工の基本

　角筒絞りは、直線部分は曲げ、コーナ部は円筒絞りとして考える。**写真7.12**(a)のような形状では、短辺部分は円弧なので円筒絞りの1/2があると解釈し、円筒絞りと曲げを組み合わせた加工である点は容易に理解できる。写真7.12(b)でもコーナRが大きいため、1/4円弧として理解できるが、写真7.12(c)ではコーナR

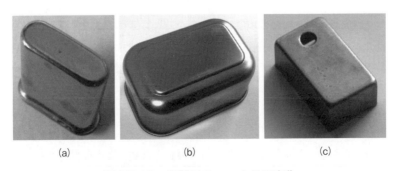

(a)　　　　　　　(b)　　　　　　　(c)

写真7.12　角絞りのコーナRの変化

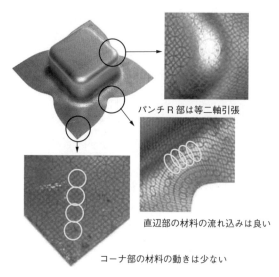

パンチR部は等二軸引張

直辺部の材料の流れ込みは良い

コーナ部の材料の動きは少ない

(a) 角筒絞り各部の動き

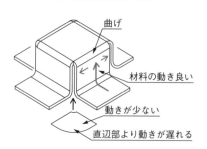

曲げ

材料の動き良い

動きが少ない

直辺部より動きが遅れる

(b) 直辺部とコーナ部のイメージ

図7.27　角筒絞りに伴う材料の動き

が小さく円筒絞りの一部とは理解しづらくなる。

　このような事柄を整理・理解するためには、角筒絞り加工の各部の動き知ることである。それを示したものが**図7.27**(a)である。直辺部の材料は大きく動き、コーナ部分の材料の動きは少ない。コーナパンチR部分では、材料は張り出されている。円筒絞りと材料の動きが大きく違うことがわかる。図7.27(b)を見ると、その理由が理解できるのではないか。

　直辺部のみを考えると曲げであり、材料の動きは絞りよりは容易である。その一部をコーナ部へ渡せば、コーナ形状は作れる。この考えはコーナRが小さいと

折りたたまれるように加工されている

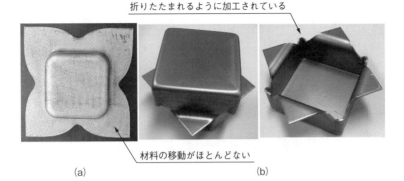

材料の移動がほとんどない

(a)　　　　　　　　　　　　　　　　(b)

写真7.13　ブランクの置き方による加工の変化

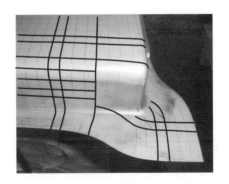

写真7.14　角絞りコーナ部の材料の動き

きで、大きくなると絞りとして材料は動き、コーナ形状は作られる。

　コーナRが小さい形状では、直辺部からの材料移動で容易に作れるが、絞り高さの増加に伴ってブランクは中心方向に移動する。その際、コーナ部分のブランクは直辺部より移動が遅れて抵抗となり、破断などの不具合現象を起こす。

　写真7.13(a)は、絞り形状とブランクを相似形に置いて加工したものである。動きの少ないコーナ部のブランク面積が大きくなっている。図7.27(b)はブランクを45°回転させて配置し、絞ったものである。小さなコーナRであるが、コーナ部のブランク面積が小さくなっているため異常なく加工されている。

　以上は直辺部の長さが比較的小さいときの材料の動きで、直辺部が長くなると直辺部中央の引かれは小さくなり、曲げの様相が明瞭に出てくる。大きな直辺部

を持つ製品のコーナ付近を示したものが**写真7.14**である。ブランクに方眼に引いたケガキ線が、材料の動きを示している。直辺部のケガキ線はほとんど変化していない。形状の特徴を理解して加工の注意点をつかむことが、トラブルを起こさない加工につながる。

　以上の説明は絞り高さが低いときのもので、高さが高くなると1回の加工では難しくなり、再絞りが必要になる。

7.3.2　角筒・異形絞りの割れ不良

(1) 底抜け

　円筒絞り同様にパンチによる引き込み力に対して、絞り抵抗が大きい場合に発生する現象である（**写真7.15**）。原因としては、

　　①ブランクが大きい

　　②しわ押さえ力が強過ぎる

　　③ダイとしわ押さえ間の摩擦が大きい

　　④加工油が少ない、または油膜切れを起こしている

　　⑤ダイRが小さい

　　⑥パンチRが小さい

などが考えられる。底が抜けたときにはフランジの状態を観察して、残りフランジの大きさやフランジ面の押さえ状態を見ることで原因の判断がつくことが多い。見えた現象に対する対策から検討するとよい。

(2) パンチコーナR部での割れ

　写真7.16に示すように、コーナ部の頂点部分には張出し力が働き、局部伸びが発生すると割れやすい。原因としては、次の2つがある。

　　①パンチRが小さい、パンチ形状が悪い（角張っている）

　　②絞り速度が速い

　前項で示したしわ押さえ力や加工油、摩擦などの要因の影響も受けるが、大きな影響はパンチR形状が滑らかでなく、角張った形状である。適正なRの大きさで、3稜線の交わる部分は球面になっているのが理想である。

(3) コーナフランジ部の割れ

　コーナ部は**写真7.17**に示すように、直辺部の材料は抵抗少なく流入するが、コーナ部は直辺部より流入が遅れて両直辺部に材料が引かれるため、弱い部分か

写真7.15　底抜け

写真7.16　コーナR部の割れ

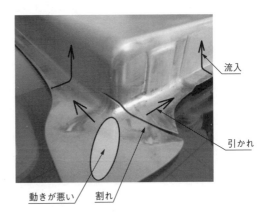

流入

引かれ

動きが悪い　割れ

写真7.17　コーナフランジ部の割れ

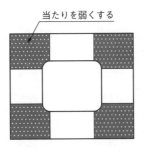

当たりを弱くする

(a) ダイ

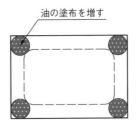

油の塗布を増す

(b) ブランク

図7.28　コーナ部の絞り抵抗を減らす

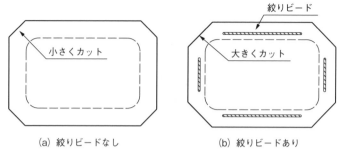

(a) 絞りビードなし   (b) 絞りビードあり

図7.29　ブランクのコーナカット

ら破断が発生する。対策としては、次の3つが考えられる。

①コーナ部の絞り抵抗を減らす

図7.28(a)に示すようにダイのコーナ部分をわずかに削り、ブランクの押さえを弱くする（しわ押さえの面でもよい）。図7.28(b)は、ブランクのコーナ部分の油の塗布量を増やして摩擦を減らす対策である。

②ブランクのコーナカット

ブランクのボリュームが多いことが原因と考え、コーナーをカットする。その際、絞りビードがない方法の加工では、コーナカットを大きくすると両直辺への引かれの影響により割れやすくなる（**図7.29**(a)）。絞りビードを使った加工では、ビードによって流入がコントロールされるため、コーナカットは大きくしてよい（図7.29(b)）。

③ブランク形状の変更

計算された方形ブランクでは、加工時の材料移動のバランスをとれないため、ブランク形状を変えてコントロールする方法である（**図7.30**）。

(4) コーナたて壁の割れ（ウォールブレイク）

写真7.18のような割れである。ダイ面でコーナ円弧形状のダイに向かう材料は、絞り同様の圧縮を受けてからダイ肩で曲げ変形を受け、たて壁部に入り大きな引っ張りを受けることで破断する。原因と対策は以下の通りである。

①ダイのコーナ円弧形状の半径が小さい（製品形状であり変更は難しい）

②ダイ肩半径が小さい、形状が悪い→肩半径を大きくする（形状の修正）

③ダイ円弧（コーナ）部分のクリアランスが小さい→コーナ部分のクリアラン

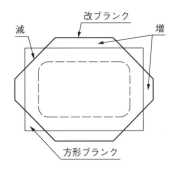

図7.30　ブランク形状による対策

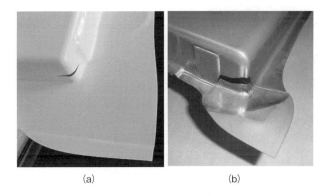

(a)　　　　　　　　　　(b)

写真7.18　コーナたて壁の割れ

　スを1.1〜1.2t程度に大きくする

④絞り高さが高く、大きな引張力が働いた

⑤しわ押さえが強い、潤滑不足または油膜切れ→しわ押さえを弱くする、図7.28の対策と油種の変更

⑥ダイ面、しわ押さえ面が粗い→面粗さの改善（磨き）

⑦ブランク形状→図7.29、図7.30の対策

(5) 直辺部の壁割れ

　直辺部の壁が裂けるように割れる現象である（**写真7.19**）。原因と対策は以下の通りである。

①ダイ肩半径が小さい、形状が悪い→肩半径を大きくする（形状の修正）

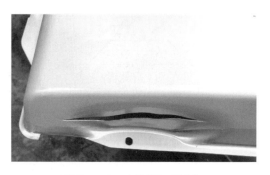

写真7.19　直辺部の壁割れ

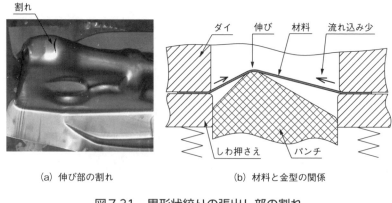

割れ

ダイ　　伸び　　材料　　流れ込み少

しわ押さえ　　パンチ

(a) 伸び部の割れ　　　　　　(b) 材料と金型の関係

図7.31　異形状絞りの張出し部の割れ

②ブランクが大きい→直辺部ブランクを小さくする

③しわ押さえが強い→しわ押さえを弱くする、絞りビードを見直す

④ダイ面、しわ押さえ面が粗い→面粗さの改善（磨き）

⑹ 異形状絞りの張出し部の割れ

　異形状絞りになると底部も凹凸となることが多くなり、**図7.31**(a)のような割れが発生することがある。これは図7.31(b)に示すような加工となって、パンチ頂部で押し上げて形状を作るが、周囲からの材料流入が少ないと伸び限界を超えて割れるか、パンチと材料間に摩擦が大きい部分があり、局部伸びが生じて割れる現象である。

　1) 局部伸び対策

　　①パンチ頂部の丸み半径をできるだけ大きくする

側壁のしわ

写真7.20　フランジしわ　　　　　写真7.21　側壁のしわ

②頂部形状は角部がなく滑らかであること

③面は極力きれいに磨く

④油膜をしっかり作る。ビニールなどを張るのもよい

2)伸び限界を超える場合

　①1)の対策を行う

　②1工程加工は難しいため、予備成形で必要ボリュームを確保する

　③周囲からの材料流れ込みを良くする工夫を行う

　異形絞りは絞り、張出し、曲げなどが組み合わさった形状と見ることができる。各部の形状を判断して不具合対応することが必要である

7.3.3　角筒・異形絞りのしわ・面不良

(1) フランジしわ

　しわ押さえが十分に働いていないときに発生する（**写真7.20**）。原因と対策は次の通りである。

　①ブランク形状が小さく、しわ押さえ面積が十分でない→ブランク形状を見直す

　②しわ押さえのアンバランスが考えられる。写真7.20に示す製品は対称形で片側のみにしわがある。このような場合はアンバランスが原因であることが多い→材料押さえ状態を点検し改善する

　③加工油が多い→少なくする

　④部分的にダイR の大きさが違う→ダイR 形状を点検し改善する

　フランジしわは材料押さえバランスの崩れが原因であるため、プレス機械など

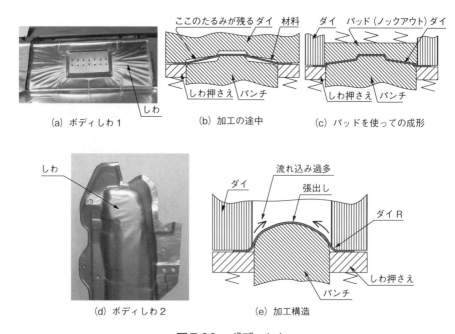

(a) ボディしわ1　　(b) 加工の途中　　(c) パッドを使っての成形

(d) ボディしわ2　　(e) 加工構造

図7.32　ボディしわ

の影響も含めて、考えられる要因を点検するとよい。

(2) 角筒絞り側壁にしわが出る

写真7.21に示すような側壁のしわ発生の原因と対策は、次の通りである。

①クリアランスが大きい。側壁部のクリアランスが大きいと、材料の流れ込みが良いためしわが出やすい→板厚と同程度まで小さくする

②ダイRが大きい。Rが大きいと材料の流れ込みが良くなる→小さくする

③しわ押さえが弱い→強くする。ビードなどの活用も検討する

(3) ボディしわ

加工途中の材料のたるみが原因である。出方として図7.32(a)のような大きな斜面のある製品では、図7.32(b)の状態のときの拘束されていない部分の材料が多過ぎてしわが発生する。そこで、加工途中の材料が若干不足する状態を作り出し（図7.32(c)）、下死点で材料に引っ張りが働き、たるみをとるように工夫する。

図7.32(d)のしわは、加工初期に材料に張出しが働き、その際に材料の流れ込みが良過ぎてしわが発生したものである（図7.32(e)）。対策としては、次の3つが

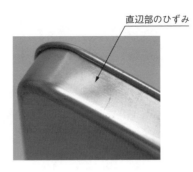

直辺部のひずみ

写真7.22　直辺部のひずみ

反る

写真7.23　直辺部のそり

面のひずみ

写真7.24　底面のひずみ

考えられる。

　①ダイRを小さくする

　②しわ押さえを強くする。ビードなどの活用も検討する

　③ブランクを大きくする

(4) 直辺部のひずみ

　直辺部に現れるひずみは2つの傾向がある。**写真7.22**はコーナRが大きいことから、コーナR部の材料余りが直辺部に作用してできるひずみである。対策としては次の通りである。

　①ダイRを小さくして材料の流れ込みを小さくする

　②直辺部のしわ押さえを強くして材料流入を抑える。絞りビードの活用も検討する

　もう1つの要因は、直辺部はハット曲げと見ることができ、**写真7.23**に示すよ

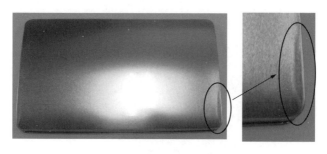

写真7.25　しゃくれ

うな曲げ、曲げ戻しの影響によるそりの発生や、流れ込みの良さからくるたるみが主な原因が考えられる。対策は次の3つである。

①直辺部のダイRを小さくする

②直辺部のしわ押さえを強くする（絞りビードの検討を含む）

③1工程加工とせず2工程で加工して、直辺部に強い引っ張りを働かせて、ひずみを取る

⑸ 底面のひずみ

平面、曲率の大きな面を持つ底面に発生しやすいひずみである（**写真7.24**）。製品の板厚が厚ければ材料剛性で押さえられるが、薄くなるとよく発生する。対策としては、加工初期に底面に大きな引張力が各方向均等に働くようにすることである。

パンチが材料に当たったときに、材料は曲げモーメントの影響でパンチから離れ、膨らもうとする。これをパッドで押さえ込むか、しわ押さえの張力で押さえ込むことが必要になる。加工が始まったときに、コーナーと直辺部の材料流入が均等になるようにしわ押さえやパンチ・ダイRの大きさなどを工夫する。

⑹ しゃくれ

前項の底面ひずみの1つの現象と見ることができる（**写真7.25**）。パンチRが小さいときによく発生する現象である。

発生部分のパンチRを大きくすることで改善する。その他の対策としては前項を参照してほしい。

第 **8** 章

圧縮加工のトラブル対策

8.1 圧縮加工の基本

　圧縮加工は材料に圧力を加えてつぶし、形状を作る加工である。プレス加工では板材から加工することが多いことから、板鍛造と呼ばれることが多い。基本的な加工として、**図8.1**に示すようなものがある。

　据込み加工は、全体をつぶすものと部分をつぶすものがある。プレス加工で、面押しとか段付けという呼び方で多く使われている。押出しはダボ出しなどに使われているが、後方押出しの利用は少ない。コイニングは金型のキャビティに材料を充填して形状を作る加工で、加工力も大きく金型に対する負担も大きい。

　押込み加工は材料を周囲に散らして形状を作る加工であるため、板厚に対する深さのある加工は難しく、加工力も大きい。エンボス加工は意匠などのデザインを表現する方法として使われることが多く、段差は浅いが、シャープな線が求められることが多い。しごき加工は単独での使用は少なく、絞り加工と組み合わせての利用が多い。ならし加工はサイジングと呼ばれることが多い加工で、平面の確保などの面形状の改善に使われる。

8.1.1 加工力と金型の変形

　板鍛造の加工力は、加圧投影面積、耐力（降伏力）、係数の積として考える。これは、材料は耐力以上の力で塑性変形を起こし、変形に伴う摩擦や変形抵抗に

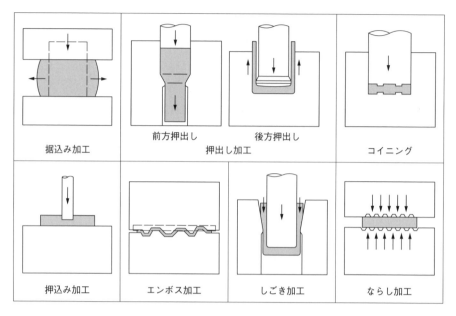

据込み加工

前方押出し
後方押出し
押出し加工

コイニング

押込み加工

エンボス加工

しごき加工

ならし加工

図8.1　圧縮加工

よって加工力は増加する。この内容を係数としている。

　加工する金属材料を変形させる工具も金属であるため、硬さや強さを備えているが変形する。その様子を示したものが**図8.2**である。金型の変形は弾性変形の範囲内であれば、破損することなく製品を加工することができるが、製品形状や寸法に影響する。それを補正して製品加工を行っている。

　圧縮加工では、加工に伴う変形を読むことが大事で、力の拡散やダイなどの板のひずみ、ダイキャビティの側面に働く力の影響を考慮する。たとえば、円形リング状のダイでは側方力でリングが広がり、加工製品の外形寸法が大きくなることはよくある。ダイ下にスペーサを使う構造の金型では、必ず加圧位置下にスペーサを設置する。このように配慮することが、製品精度の確保や金型の破損防止に役立つ。

8.1.2　摩擦対策

　圧縮加工は、大きな加工力によって材料は金型面を大きな摩擦を生じさせながら滑るため、金型の表面は摩擦熱と塑性加工熱で高温になる。ブロック状の素材

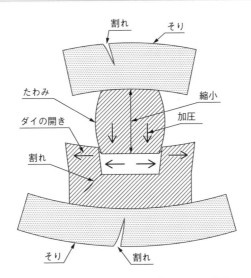

図8.2　圧縮加工に伴う金型への影響

は、加工前にリン酸塩被膜処理など固体潤滑用の処理をするが、板材からの加工
は潤滑油をつけて仕事をするため、油膜が切れて焼付きを起こしやすい。面圧に
強い潤滑油を使用することである。

　ダイやパンチなどの材料の滑り面は、面粗さを高めることが求められる。その
際に、材料の滑り移動方向にラッピングの方向を合わせるとよい。

8.1.3　加工速度

　圧縮加工は、加工速度が速いと材料の変移も速くなり、変形抵抗の急増に伴っ
て加工力が非常に大きくなり、トラブルが多くなる。

　この対策として、下死点付近の加工速度のみを遅くできるナックルプレスか、
サーボプレスを使用するとよい。クランクプレスなどは、下死点付近の速度を遅
くすると全体の加工速度が遅くなり、生産性が低くなる。サーボプレスを使用す
る場合は、下死点を複数回繰り返し押さえるプログラムを使用すると、つぶし厚
が安定する。

8.2　加工内容別のトラブル

8.2.1　据込み加工

(1) 部分つぶし加工

　板厚の部分をつぶす加工は、**図8.3**(a)に示すイメージである。その際、求める寸法が図8.3(b)のＺ寸法の場合とＴ寸法の場合で対応が異なる。

　Ｔ寸法がばらつく場合、原因はパンチなどのたわみなどもあるが、プレス機械の下死点のバラツキの影響が大きい。自動加工で加工した場合は安定するが、単発加工で加工したときなどにバラツキが発生しやすい。自動加工では、加工を停止して再スタートしたときや、材料交換後のスタート時に発生する。対策としては**図8.4**(a)が有効である。

　Ｚ寸法のバラツキは、プレス機械の下死点変動と材料板厚の変動が重なる。基準面が材料面（Ｔ寸法の基準面はダイ面）となるため、材料面が基準となるような工夫が必要となる。対策としては図8.4(b)が有効である。材料上面に当てるパンチの跡が材料につくので、製品面の関係に注意したい。

(a) 部分のつぶし加工外観

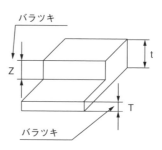

(b) 不具合点

図8.3　部分つぶし加工

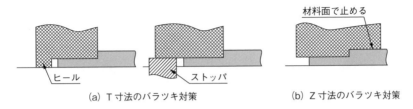

(a) Ｔ寸法のバラツキ対策　　　　　(b) Ｚ寸法のバラツキ対策

図8.4　つぶし寸法のバラツキ対策

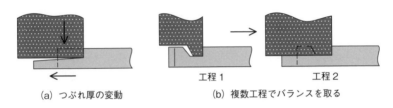

(a) つぶれ厚の変動　　　　　(b) 複数工程でバランスを取る

図8.5　つぶし厚のバラツキ対策

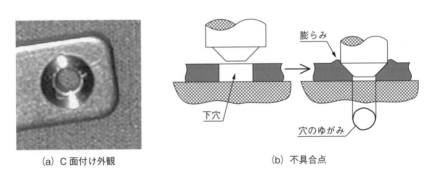

(a) Ｃ面付け外観　　　　　(b) 不具合点

図8.6　Ｃ面付け加工

　ＴとＺに共通するバラツキが、**図8.5**(a)に示す動きである。つぶされて流れ出した材料の厚さは、先端に行くほど薄くなる傾向がある。つぶし幅が狭いときには問題とならないが、広くなると問題となる。このようなときの対策例が図8.5(b)である。

⑵ Ｃ面付け加工

　Ｃ面付け加工は、皿ビスの座面として多く採用されている。**図8.6**(a)が外観で、加工時の不具合点としては図8.6(b)がある。

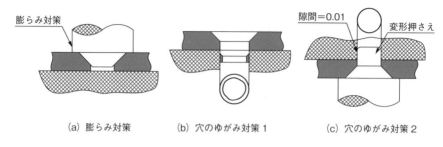

（a）膨らみ対策　　　（b）穴のゆがみ対策1　　　（c）穴のゆがみ対策2

図8.7　C面付けの不具合対策

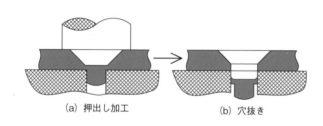

（a）押出し加工　　　　　　（b）穴抜き

図8.8　下穴なしの加工

　対策として、**図8.7**(a)に膨らみへの対処例を示す。C面径のパンチで面押しすると、材料は穴方向と外に動くことが原因となるため、膨らみを想定した面をパンチにつければよい。穴径のゆがみは、材料の動きの影響で生じる。

　ビス座面であれば、ビスが通ればOKとすることが多いが、穴径を必要とする場合は図8.7(b)のように抜き直して整えることが多い。ただし図8.7(c)のように上向きのC面付けの場合、穴抜きが難しくなるため、C面付パンチの先端に穴径のガイドをつけて穴の変形を抑える方法もある。

　図8.8は、下穴を加工せずにC面を作る方法である。

⑶ 面付け加工

　プラグの先端などに面を取り、差し込みを容易にする目的で用いられることが多い**図8.9**(a)のような外観である。この加工の不具合としては図8.9(b)がある。

　尖りや膨らみの原因と対策を、**図8.10**で説明する。尖りの原因は抜きにあり、形状加工のマッチング部はシャープな角となる、それをつぶすと、さらに尖る傾向にある。つぶし部の角は、丸みがつくように加工することが改善策である。

(a) 面付け外観

(b) 不具合点

図8.9　面付け加工

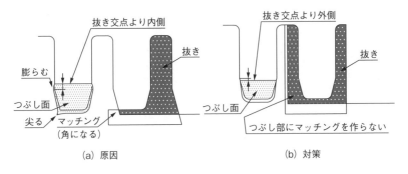

(a) 原因

(b) 対策

図8.10　尖り・膨らみの原因と対策

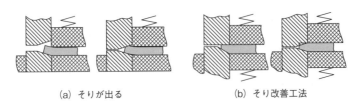

(a) そりが出る

(b) そり改善工法

図8.11　面付け部のそり対策

　膨らみの原因はつぶし位置にある。傾斜面の外からつぶし始めるため、傾斜部より上部から膨らむことになる。単純につぶし位置を傾斜部内にずらせばよい。

　そりの原因と対策を示したものが**図8.11**である。

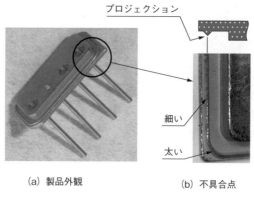

（a）製品外観　　　　　　（b）不具合点

図8.12　プロジェクション加工

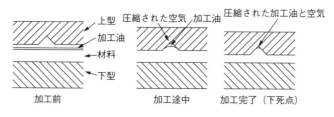

図8.13　加工油による影響

　一般的な面付けは、図8.11(a)の構造で加工することが多い。この場合、加工始めに材料は上に曲げられてから、つぶしが始まる。この際の曲げの影響が残ったものが、そりである。

　図8.11(b)のように2工程加工として、1工程目で下面を大きくつぶし、2工程目で戻すようにしながら上面を作る。加工の際にダイ側にパッドを入れて、ストリッパとの間で材料を押さえながら加工することも対策となっている。この方法は、つぶし後に先端を切り直す必要がある場合にも有効である。図8.11(a)の構造のダイ側にパッドを追加することでも対策となる。

⑷ プロジェクション加工

　プロジェクションとは山形の突起で、電気溶接をする際に通電を安定させる目的で使用されるものである。**図8.12**(a)が外観で、拡大したものが図8.12(b)である。プロジェクションは全体が均等でなければならない。図8.12(b)のように、山

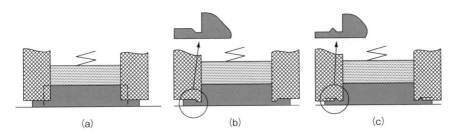

図8.14　プロジェクション加工工程例

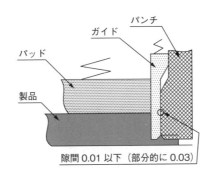

図8.15　山の変形対策

の高さが違うものは問題である。

　図8.13のように、山形状を刻んだパンチで一気に加工しようとすると、プロジェクションの山は安定しない。図8.13に示したように加工油や空気がパンチの山形溝に入り込み、山形状を崩す。ときにはパンチを割ることもある。また、直線部と円弧部分では材料の動きの違いから山形状を崩すこともある。

　そのような内容を考慮した加工法の例が図8.14である。初段で山加工がやりやすくなるように、材料厚をつぶす。2工程で山内側をつぶす。3工程目で山を成形する。このとき山内側部分に、加工始めに空間ができることによる変形、またはパンチ破損の心配があるときには図8.15を採用する。

　ガイドを先行して、2工程目で作った形状に差し込んでから外側をつぶす。金型構造は複雑になるが、加工は安定する。ガイドとパンチの接する面は密着させるが、何カ所かに少し大きな隙間を作ることで、山形部分に入り込んだ加工油や空気の影響を軽減できる。

255

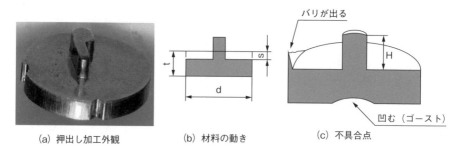

(a) 押出し加工外観　　　(b) 材料の動き　　　(c) 不具合点

図8.16　押出し加工

8.2.2　押出し加工

⑴ 押出し加工

　押出し加工の外観が**図8.16**(a)、この形状を作るときの材料の動きを示したものが図8.16(b)となる。d寸法をあまり動かさずに板厚をつぶして、そのボリュームで山を作る。前項の据込み加工は、板厚を動かさずに縁をつぶして段差を作る。製品によっては外観が似ることがあるが、工法の違いで加工の考え方が変わってくる。押出し加工で現れる不具合現象を示したものが図8.16(c)である。

　押出し加工の内容と不具合原因と対策を、**図8.17**で説明する。図は工程順とその内容を示している。

　図8.17(a)は、ブランクとダイとの関係を示したものである。ブランクとダイ穴の隙間はできるだけ小さくする。ダイ側面と底面はきれいに磨く。底角には丸みをつける。

　図8.17(b)は加工初期の状態を示している。パンチとダイの隙間はできるだけ小さくする。加圧された材料は、まず横に動き、ダイの隙間を埋める。この際ダイは側方力で広げられ、パンチとの隙間を大きくし、そこに材料が流れ込んでバリを作る。このバリの発生を止めるのはかなり難しい。このときのダイ側壁にかかる力はかなり大きく、ダイ側壁が薄いと割れる。

　図8.17(c)はダイに充満した材料が穴に入り、凸形状を作る。この際、穴への材料の流れ込みが良過ぎると、ダイ底面に接した材料が引かれて、凹み（ゴースト）を作る。ゴースト対策としては、ノックアウトのスプリングの強さを変えることで、流れ込みをある程度コントロールできる。ゴーストのできるダイ面を凹

256

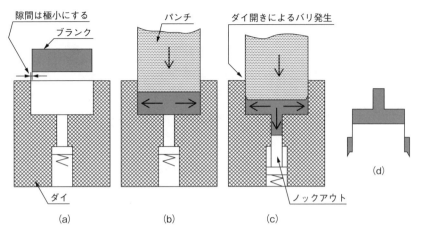

図8.17　押出し加工の工程

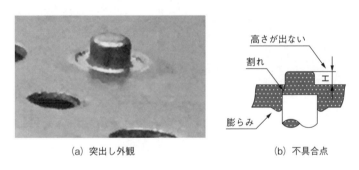

(a) 突出し外観　　　　　　　　　　(b) 不具合点

図8.18　突出し加工

ませておき、ゴーストとのバランスをとる方法もある。

(2) 突出し加工（ダボ出し）

　広い面に、**図8.18**(a)のような凸形状を作る加工である。この不具合点が図8.18(b)である。そして、対策が**図8.19**である。

　図8.19(a)は押出しパンチ側の膨らみ対策と、凸形状付け根に割れ対策としてRをつける。Rが機能上支障になるときには、凸形状周囲を凹ませて対策する例である。図8.19(b)は高さ対策である。何もせずに突出しを行ったときの最大高さは、板厚の70％程度とされている。それ以上の高さを求めたいときは、押出し

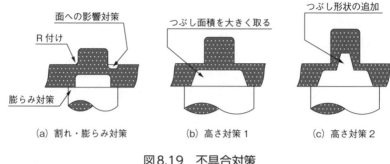

図8.19　不具合対策

(a) 割れ・膨らみ対策　　(b) 高さ対策1　　(c) 高さ対策2

面への影響対策
R付け
膨らみ対策

つぶし面積を大きく取る

つぶし形状の追加

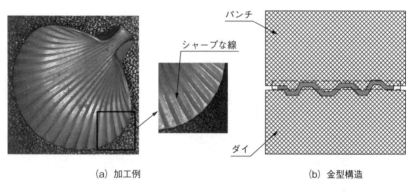

(a) 加工例　　　　　　　　　　(b) 金型構造

図8.20　エンボス加工

パンチ
シャープな線
ダイ

側のボリュームを大きくすることである。この限界をさらに超えたいときの手段が図8.19(c)である。

8.2.3　エンボス加工

　エンボス加工は板成形にもある。自動車のナンバープレートのような加工を指す。浅い凹凸で模様を作る加工で、凸形状の稜線がなだらかなものである。圧縮加工のエンボス加工は浅い凹凸であるが、稜線がシャープなものをいう。シャープな線を作るためには材料をつぶす必要があり、圧縮加工にも同名で存在する。**図8.20**(a)がその外観である。図8.20(b)が金型構造である。

　パンチ・ダイ間で板を成形しながらつぶす、その際に、ダイ・パンチに面のた

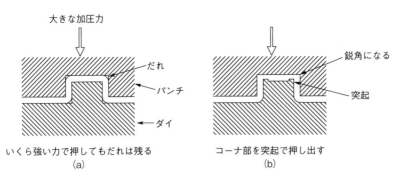

図8.21　凸形状加工の工夫

(a) 押込み加工外観

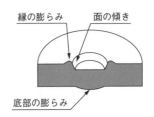

(b) 不具合点

図8.22　押込み加工

わみができると、きれいな稜線はできない。そこでダイ・パンチは厚くし、たわみを押さえる。もう1つの影響として、たて弾性による変形に注意しなければならない。シャープな稜線を作る工夫が**図8.21**である。

8.2.4　押込み加工

　押込み加工の外観が**図8.22**(a)、その不具合内容を図8.22(b)に示す。押込み加工は、パンチで材料を押して凹ませる加工である。パンチ下の材料をつぶし込んで密度を高めて形状を作るため、板厚に対してあまり深い形状加工は難しい。単純に材料を押したときの状況を示したものが**図8.23**である。かなり変形する。

　この加工の特徴は、凹みの反対側の面が凸に膨らむことである。この変形は、

259

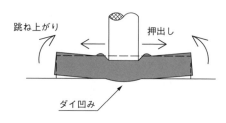

図8.23　単純に押したときの変形

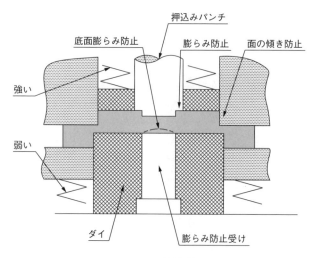

図8.24　対策構造

ダイ面の縦弾性による凹みである。また、押込みのたて壁部分が傾く傾向がある。押込み形状から外形までの距離が近いほど、当たり前のことであるがたて壁の傾きは大きくなる。これらの内容を対策した金型構造が**図8.24**である。

　この構造を採用しても、たて壁の傾きを完全に押さえることは難しい。ある程度の許容が必要である。底部の膨らみ対策はダイ側に凸形状の部品を組み込み、縦弾性変形とのバランスをとり、平面を確保する。

8.2.5　ならし加工

　そりのある薄板は、平らなパンチとダイで何度叩いても、金型から解放されると元に戻ってしまうため直らない（**図8.25**）。これを平らにするには次の方法が

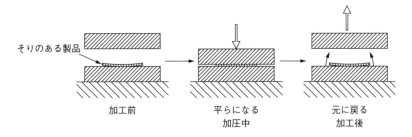

図8.25　そり修正は単純に押しても直らない

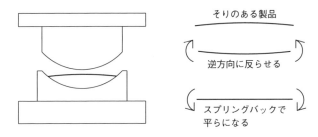

図8.26　逆方向に反らせて直す

ある。

①逆方向への反らせる

そりの方向と逆の方向に大きく反らせ、金型から出てスプリングバックで戻ったときに平らになるようにする（**図8.26**）。

②七子目ならし

金型の表面に小さな円錐または角錐状の突起を多数つけ、微小な塑性変形をさせることで、材料内部のひずみとのバランスをとって平らにする（**図8.27**）。

パンチまたはダイの一方に突起をつける方法と両方につける場合があり、両方につける場合は突起が互い違いになるように配置をする。一方の面が平面度を要求される場合は一方のみとする。

七子目ならしは星打ち、ドットリングとも呼ばれ、精密機器のシャーシやレバー、半導体のリードフレームなどに用いられている。

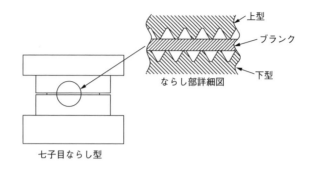

ならし部詳細図

七子目ならし型

図8.27　微小な打ち込みを入れる（七子目ならし）

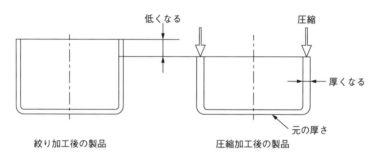

図8.28　増厚加工

8.2.6　増厚加工

　絞り加工品などの側壁に、圧縮加工を利用して増厚することができる。増厚の加工方法と不具合対策を以下に示す。

　①ボリュームの確保

　絞り加工の高さは増厚分だけ低くなるため、その量を見込んだ高さにする（**図8.28**）。

　②軸方向への圧縮

　増厚分の隙間は外側につけて軸方向に圧縮をする（**図8.29**）。両側に隙間をつけてつぶすと、S字状に座屈する（**図8.30**(a)）。一方で内側に隙間をつけると、

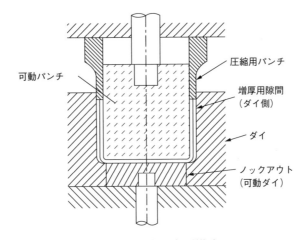

図8.29　増厚金型構造

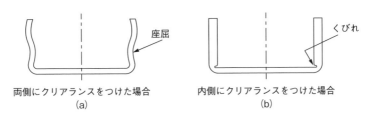

両側にクリアランスをつけた場合　　　　　内側にクリアランスをつけた場合
　　　　　　(a)　　　　　　　　　　　　　　　　　(b)

図8.30　増厚金型の条件設定ミスで起きる不具合

くびれがひどくなる（図8.30(b)）。

　③増厚の程度と工程数の兼ね合い

　1回の加工での増厚は10%程度とし、それ以上必要な場合は工程数を増やす。

　④金型構造への対処

　コーナ部および底部は、ダイまたはノックアウトを図8.29のように、製品の外形形状に合わせてしっかりと受ける。

索　引

▶さ◀

〈著者紹介〉
吉田 弘美 （よしだ ひろみ）

1939 年東京都生まれ。松原工業株式会社、株式会社アマダを経て 1979 年吉田技術士研究所を設立。現在に至る。厚生労働省職業能力開発局専門調査委員その他の公職を兼務。

著　書：「プレス金型設計製作のトラブル対策（共著）」「よくわかる金型のできるまで」「絵ときプレス加工基礎のきそ」「トコトンやさしい金型の本」「プレス加工のツボとコツ」「わかる！使える！プレス加工入門」ほか

山口 文雄 （やまぐち ふみお）

1946 年埼玉県生まれ。松原工業株式会社、型研精工株式会社を経て 1982 年山口設計事務所を設立。現在に至る。高度ポリテクセンター講師などを兼務。この間、日本金属プレス工業協会「金型設計標準化委員会」「金型製作標準化委員会」などの委員を歴任する。

著　書：「小物プレス金型設計」「プレス順送り型の設計」「プレス金型設計・製作のトラブル対策（共著）「図解プレス金型設計（Ⅰ, Ⅱ）」「プレス工法選択アイデア集」ほか

プレス加工のトラブル対策 第4版　　　　　　　　NDC566.5

1987年 9 月30日	初版 1 刷発行
1993年 1 月25日	初版 5 刷発行
1994年11月15日	第 2 版 1 刷発行
2006年 7 月20日	第 2 版10刷発行
2009年 6 月25日	第 3 版 1 刷発行
2017年 4 月14日	第 3 版 5 刷発行
2021年 1 月25日	第 4 版 1 刷発行

© 著　者　　吉　田　弘　美
　　　　　　山　口　文　雄
発行者　　井　水　治　博
発行所　　日刊工業新聞社
〒103-8548　東京都中央区日本橋小網町14-1
電話　書籍編集部　　03-5644-7490
　　　販売・管理部　03-5644-7410
　　　FAX　　　　　03-5644-7400
振替口座　00190-2-186076
URL　https://pub.nikkan.co.jp/
email　info@media.nikkan.co.jp

印刷・製本　新日本印刷

落丁・乱丁本はお取り替えいたします。　　　2021　Printed in Japan
ISBN 978-4-526-08105-7　C3053